黄大米 著

可以強悍，
也可以示弱

BE
STRONG

SHOW
WEAKNESS

有身段也有手段，
我的人生我说了算

北京日报出版社

要有去看大山大海的野心

把每一仗都打好打满

PART 3

找到自己的人生头条

要有去看
大山大海的
野心

不要怕被打分数

世间所有人对你的喜怒好恶都如天上的月亮，

初一、十五不一样，

不用太在意，

但确实可以对每件事情尽力而为。

那天，我仓皇递了离职单。仓皇两字来自存款不足，如果存款丰厚，离职不过就是老娘觉得不爽，不想干了。反之，由于存粮不够，无以应对来日的风险，走入阴晴不定的暴风圈，生活笼罩在风雨飘摇的未知与不安中。

递离职单之前，我内心想象过一千零一种与主管的谈判和对话的场景，是撕破脸的针锋相对或是若无其事笑着说再见，内心百转千回地演练，脑中的小剧场不断地排演。

为什么不得不走？因为黄大米越来越被大家熟知，文章被许多网站大量引用，站在我主管的立场，这已经造成他管理上的困难。离职或者封笔，我只能二选一。我毫不迟疑地选了前者，在跑完离职流程后，生活的压力变得具体又巨大，我的大脑反反复复计算着生活的开销，盘算着存款是否可以支撑一段时间。

两年后回首当时离职的情景，一切都像过眼烟云，职场上让人纠结的事情，离职之后都是小事。

离职之后的第一个夜晚最煎熬，但是在我心情很低落的那个晚上，粉丝团上仍有数万名粉丝在远方喜爱着我，网络上的热情很像一张交织的蜘蛛网，纵然绵密却撑不住我此刻的悲伤，强烈的茫然感吞噬了我。我没时间和余力处理悲伤，想到明天还有一场高回报的演讲，必须全力以赴，于是我稍稍整理心情，将注意力投入在演讲用的简报上，思考这次演讲该如何起承转合，才会更顺畅。

我告诉自己，不论多悲伤，明天都要神采奕奕地上场。

演讲当天，现场来了三百人，座无虚席，连走道上都坐满人，站在台上看到这一幕，我满满的感动。刚刚经历了被逼退的创痛低潮后，所有的框架因此统统解构，统统无所谓了，我把这场演讲当作最后的演出，用尽力气去讲，赢得台下热烈掌声。结束后，我再也撑不住，立刻搭高铁回高雄疗伤，一进家门倒头就睡，关于明天与未来一事，还是留到以后再说吧。

一向报喜不报忧的我，对家人隐瞒了离职的事，报忧于事无补，家里老的老小的小，谁都无力帮我解决，平添担心而已。从高雄老家回到台北后，说来也神奇，演讲邀约纷至沓来，许多信上写着：

"大米，我是你的粉丝，之前曾来信探询你的演讲意愿与费用，那天听了你的演讲，我跟同事都觉得非常精彩，想询问你是否有空前来演讲？"

"大米老师您好，我们是××公司，我们特地派人去听您的演讲，坐在前排中间的位子。您的演讲真的很精彩，希望能邀请您到我们北、中、南三个分公司演讲，麻烦告知演讲费用以及方便的时间。"

我看着邀请信，感到不可思议，才知道原来承办高价费用的演讲，承办人员为了减少踩雷的风险，会先去其他场次试听，我那场豁出去的演讲成功地打动了他们的心。这些演讲的收入补足了我离职后经济上的缺口，真可以说是"山重水复疑无路，柳暗花明又一村"。

人生很苦，不苦的话，你出生时，就不会哭了。谁都有挫折，重要的是，把挫折熬过去，让它成为养分，在心中开出一朵花来。

几个月后，我的收入逐渐稳定，恰巧某所大学缺公关，我前往就任，在那里遇到了好相处的同事与主管，给了我充分的信任与自由。他们毫不介意我的"斜杠"身份，这让我非常自在，从人生的谷底看到另外一片美不胜收的风光景致，感受如神迹般的奇异恩典，在我身上降临。

这次的低潮，让我体悟到几件事：

一、做好每一次展示，不要怕别人打分数

我从来不知道，演讲时台下会有秘密客[1]给你打分数，后来才知道，很多公司都会派人了解演讲者的风格与内容是否适合后再作邀约。也就是说，我的每一场演讲都会牵动之后的机会，口碑传开后就会邀约不断；相反地，如果表现不佳，后续要让顾客

---

1 又称神秘顾客、神秘访客或神访，是公司、组织或结构秘密派出的调查人员，对目标的服务或能力进行评测并给予反馈。

回流就更花力气。

在电视台工作时，每天进办公室后，我都会打开收视率报告，除了看看自己台内的节目表现，也会观察竞争频道的收视率如何。每个电视台都有专人制作分析收视率的报告，写着每分钟别家新闻台播出什么新闻或者竞争节目请了哪个嘉宾，分析哪个嘉宾只要一开口，收视率就暴涨，哪个嘉宾只要一出现，收视率就下跌，因此我们常说："某个嘉宾表现好，不是只有一个制作单位知道，而是所有电视台都知道。"

只要活着的每一天，别人分分秒秒都在给你打分数，可能你的一个善举，让对方给你大大加分；也可能因为一句无心的话，让别人对你产生反感。世间所有人对你的喜怒好恶都如天上的月亮，初一、十五不一样，不用太在意，但确实可以对每件事情尽力而为，当机会上门时，好好表现。每一次的成果，都可能带来贵人的青睐，牵动未来的发展。

不要害怕别人给你打分数，被打分数是人生的常态，你改变不了这世界运行的规则，你唯一能掌握能做的就是让自己的每次表现都很精彩。当你诚心诚意地去准备，表现通常也不会太差，全力以赴就是珍惜机会。

二、职场、情场都没有专家

只要跟人有关的事情，都是瞬息万变的，因此职场跟情场

∷ 你改变不了这世界运行的规则，
你唯一能掌握能做的
就是让自己的每次表现都很精彩。

都没有专家。"专家"两字被赋予永不失败、绝不会错误的期待，甚至一出手就能扭转局面。可惜的是，人的事情从来不可能像数学公式一样简单，1+1不一定等于2，1+1可能有一百种结果，与人有关的事情，永远在变化，总是两面评价。

职场上的风暴随时会来，跟你的绩效好不好无关。所谓"一人得道，鸡犬升天"，跟对人吃香喝辣，跟错人树倒猢狲散，即便你工作绩效超好，只要不是在自己人阵营，就难有信任感。外国政坛上每次政党轮替时都必须全体辞职，就是这个道理。很多老板只想用自己人，即便自己的人马是庸才，光是让人"放心"跟"安心"这两点，就可以打压住一票人才。

既然职场多风雨，你必须拥有两颗定心丸，第一颗就是存款丰厚。有钱就有底气，当你不用忧愁明天的三餐没着落、账单缴纳不出来，整个人才会神清气爽。不论你的灵魂多圣洁，唯有钱可以让你的灵魂不落入凡尘，唯有存款丰厚才能让你不为五斗米折腰与反复抱怨。

第二颗定心丸是多元收入，狡兔有三窟，上班族更应如此。这几年就业环境不好，企业自身都朝不保夕，哪里还有办法让员工安稳退休？当你的主收入沉船时，若有其他收入可以支撑，你就可以跳船潇洒离去，而不是慌张到想跳楼。

我的好朋友顶着台湾大学的学历光环，在证券公司呼风唤雨，当年他突然被遣散后，全职做股票投资，却在2008年遭遇金融海啸时赔惨。从此他在投资上只求稳，不求大富大贵，不再满手股票，稳稳投资、稳稳赚进被动收入，还出书成为理财畅销书作家。他的经历说明了有被动收入的重要性，如何创造自己的被动收入，也是值得你思考的问题。

三、功高震主是常态

功高震主会让你从红牌变黑牌。俗话说："长江后浪推前浪，前浪死在沙滩上。"从古至今，每个风云人物都知道自己会有下台的一天，但都希望这天来得慢一点、晚一点。当属下威胁到自己，或者老板关爱的眼神投向更年轻的后辈时，老将内心会不是滋味，只好趁着后辈羽翼未丰时，斩草除根杜绝后患。

说个小故事，我在当政论节目小助理时，台内有两个政论节目，一个节目是全台收视率冠军，另一个是我任职的新节目。我们节目的主持人不仅深具人气，还跟电视台老板亲如父子，大老板也很看好其未来发展。当时全台收视第一的政论节目不论制作团队的规模，还是给嘉宾的嘉宾费，统统大手笔编列；我们则像个小媳妇，挨在公司的小角落，凑合着度日。我们的新节目开播后，收视率不断爬升，那时，收视率冠军的一哥主持人经过我们团队时，总会笑嘻嘻地祝贺我们越来越受欢迎，收视率越来越高。

正当我们沉浸在收视率开红盘的兴奋中时，有一天制作人与主持人被叫去开会，会议还没结束，一哥主持人走过来跟我说："大米，你表现很不错，日后就来我们这边工作，一会儿先过来认识一下其他同事。"我听不懂话中含义，半小时后明白了，原来我们节目收视率爬升太快，一哥在感到威胁之下，跟电视台提出独占摄影棚，以便自己随时彩排。电视台老板答应了，我们的节目因此停播，我们的主持人即便跟老板亲如父子，也无法改变收视率决定一切的结果，他不想委屈自己，选择了递辞呈。

一哥说需要摄影棚彩排，只是借口，他忌讳的是我们收视率攀升太快，万一有天超越他，到时候要处理掉我们，就不容易了。趁着我们尚未站稳，轻轻一捏，弄死我们，他就可以稳坐镇台之宝的王位，继续呼风唤雨。

节目停播后，工作人员成了前途未卜的孤儿，大家没节目可录，唯一的话题就是每天咒骂一哥，"这种心狠手辣的人，改天一定遭报应""摇摆没有落魄久，看他能红多久""我亲戚会看面相，她预测一哥最多再红两三年"，各种命理预言与神鬼报应轮番登场，光看这点，你就知道当时我们有多闲、多无聊，以及因前途未卜多慌张。

一哥没有遭到报应，在电视圈长红很多年，我们各自找到工作后，对一哥的怨恨也淡了。原来我们恨的不是一哥，而是怨他夺走我们的饭碗，让我们要重新找路，等到大家新饭碗都有着落后，怨念也就淡了。

多年后，再次审视这个事情，我理解了一哥的行为，他拼搏多年终于坐上收视冠军宝座，自然不想轻易被夺走。我们看似讨厌一哥，说到底也不过是讨厌饭碗被夺走，这些爱恨情仇说穿了也不过是饭碗保卫战。

你的存在能够威胁别人时，代表你有实力，即便因此而遭到诛杀，也请不要哀叹，此处不留爷，只要爷有实力，一定能在他处有一片天。功高震主也是人生的常态，你该开心自己翅膀硬了，可以"震到主"了。

四、适合你的工作，往往出乎意料

离开媒体行业时，我感到身心俱疲，扛着"黄大米"这个名号有利有弊，好处是有许多其他收入，坏处则是不知道哪家公司容得下有自媒体身份的我，毕竟许多老板都不希望员工太高调或有兼职，我好比是个有行无市的明星，外界一片看好，我却不知何处可容身。

后来，在无心插柳下，我应聘上大学的公关。就任后，我发现这份工作非常适合我，因为大学里面人才济济，相比之下，我的网红身份一点也不起眼，教授们各个学有专精，不会觉得我碍着他们的路，自然也不会眼红我。倘若不是这样的工作场域，一个网红在企业内工作，一定会成为箭靶，一言一行都会被大家放大检视。

所以，不论你在职场上是得意还是失意，有面试机会就去谈谈看，在面谈的过程中，也许会意外发现很契合的机会，甚至对方还愿意为你量身打造新职位，不也挺好的吗?

　　机会是一颗种子，你不见得要每天帮它浇水，但至少要把种子埋入土里，让它有机会发芽。

　　生命里面所有的安排多数是祸福相倚，每一次的遭遇，不管好与坏，都是改写生命脚本的契机，我把自己曾经遭遇的艰难分享给你，希望让你更有勇气面对人生中的风风雨雨。

：： 机会是一颗种子，你不见得要每天帮它浇水，
　　　但至少要把种子埋入土里，让它有机会发芽。

可以霸气地说
"我还在"

我最大的靠山不是别人的欣赏,

而是我不甘于此的"好强"与"野心"。

可以强悍,也可以示弱

他不到 30 岁，工作经历涉及海内外多家知名企业，并且出了一本书，教导读者如何成为成功人士。

我们背地里给他取了个外号"年轻有为"。

好友跟"年轻有为"在同一个出版社同时出书，有天她传来一条讯息，"我看到'年轻有为'的书在排行榜上节节败退，如水银泻地般下滑，莫名地感到愉快，这样的心情正常吗？"

"放心啦，你的心情超正常。我当时出书时，看到某作者写的书销售表现不佳时，也觉得欢欣鼓舞，普天同庆，眼看她的书从排行榜上沉下去不见，内心非常愉快。"我坦然分享在出书后的暗黑独白，微妙的竞争关系造成看对方好戏的酸楚心态，"你的好就是我的不好""你的得到就是我的失去"，甚至有一种"看你过得不好，我就安心了"的快感。

我们跟这些在同一家出版社出书的作者无冤也无仇，素未谋面，为何凭空有了心结？

我们有病吗？没有。

我们很正常。我们只是想多拿点资源生存下来而已，当资源不够时，想生存就得竞争。

我的好朋友是第一次出书，没有过去的销量当靠山，自然很难拿到推广资源，受到冷落也很正常。相反地，出版社把这位"年轻有为"的作者的作品列为重点书，因为他年纪轻轻就攀上人生高峰，拥有名校的学历与大企业资历，他的书大卖的概率比较高，因此，出版社还找来专业摄影师为他拍摄超帅的封面照，光是书籍封面就散发着精英人士的强大气场。

朋友不以为然地说："每次看到这种什么30岁前，年收入破千万台币、还当上跨国企业总经理的人，出书告诉大家照着做也能成功，我都在心里翻白眼。"

我跟朋友都一把年纪了，在职场上摸爬滚打多年，已经深知想要"年轻有为"有多难。

我们曾经采访过许多被媒体造出来的"精英"，他们在媒体的吹捧报道下，有接不完的演讲与活动邀约，出书、品牌代言一个接一个来，几年之后，却被曝出许多资历都是假的。电影《猫鼠游戏》的情节，每天都在真实社会上演，"查证"好难，"包装"好容易，夸大不实的履历犹如中秋月饼礼盒，缎带、宣纸层层堆砌，核心的月饼却好小又过期，难以入口。

社会上这类"年轻有为"的事件，层出不穷，本来也不关我们的事，错就错在，朋友跟"年轻有为"在同一家出版社出书，出版社比较厚爱这位"年轻有为"，又是拍宣传照又是举办签书会，而朋友的书什么宣传活动都没有，连作者照片都得自己提供，她心中感到很是不平。

"大米，你当初也是这样的情况吗？你的照片是谁帮你拍的？"朋友想了解别人的情况。

"我的作者照片是找高中同学帮忙拍的。"我笑着回答。

"为什么？怎么会这样？"她感到不解。

"'菜鸟'作者的待遇本来就是如此，没什么，也不重要。"我已经坦然了。

就如同我一开始说的，当年，我心中也有一位让我眼红的作者，她的存在如眼中钉、肉中刺，令我不快，如今我完全不在乎了。

"出版社重视哪位作者真的不重要，你在市场里存活下来，好好地卖书才是最重要的事，书卖得好就会有更多出版社重视我们。我们以前在电视台工作也是这样，资深主播跟'菜鸟'主播不仅待遇不同，连化妆跟租借衣服的规格都不一样，这就是现实。

"这世界运行的规则就是弱者必须靠自己的骨气存活下去。现在我已经想不起当初让我眼红的作者的名字了，因为她的书销量不如预期，也就没有下一本。重要的不是谁重视我们，而是在充满竞争且新人辈出的商业市场上，可以永远说一声'我还在'。"

朋友自嘲地说："我们过去看了半辈子的收视率报告，现在换成看书籍销售排行，有点好笑。"

已经出版了两本书的我，以过来人的身份对她说："我很感谢书籍销售排行榜，如果没有排行榜，谁知道我很厉害？是排行榜救了我，我才能嚣张。我们不爱主动挑起斗争，但也不怕竞争，我们过去都是电视台内的非主流产品（工作能力强却不够漂亮），如果不是靠着个性好强、不服输，以及很努力，后来怎么能爬到主管的位子？"

每一个市场，每一个领域，都有排行榜，不要怕竞争，要担心的是自己不够出色。竞争与排行是翻身的机会，你看看那些金牌选手，夺牌之后身价翻涨，"十年寒窗无人问，一举成名天下知"就是这个道理。

现实又竞争的世界，对我们这种平凡人来说是好事，因为只要你有价值，世界就会来讨好你，是翻身的大好机会。

我最大的靠山不是别人的欣赏，而是我不甘于此的"好强"与"野心"。

人从出生到死亡是一场与自己意志力对抗的战役，唯有出发才有机会抵达不可预测的高点，任何事情站在原地空想，就只是自我内耗而已，想一千次不如勇敢做一次，倘若失败也是在逐渐接近成功。

不论你身处在哪个产业，能打击你的，不是他人的冷言冷语，而是你的自我放弃。能让你不断进步的人也只有你自己，当你开始相信自己，努力地想办法，用行动力摆脱困境时，敌人就不见了。当你专注于前进，怎有空理会他人？

我现在对别人"喜不喜欢我"看得很淡然，那真的不重要，重要的是"你有利用价值",可以让别人需要你。

在职场上、情场上一定会出现可敬、可恨的对手，谁都有过"瑜亮情结""争取席次""争位子"的心路历程，你的对手是谁，可以看出你的高度，文坛大佬会把我当对手吗？不会的，因为我太弱了。

同样的道理，我会把媒体圈的"菜鸟"记者当对手吗？不会，因为他们太嫩了。

你的对手反映你身处的高度，想想自己在意的对手是谁，如果你觉得对方能力很差，需要提升的不是他，而是你自己，因为你怎会沦落到把这样差劲的对象当对手呢？

倾听内心真正的声音，
就会产生超能力

每个人都应该追梦，那是灵魂的亮光，
但你要记得在追求梦想时不要忘记面包，
才能让你在岁月流逝后抵抗外界的质疑。

我的人生志愿很实际，就是过上富足的生活。

任何正当的行业，只要能让我过上好的生活，就有机会成为我的第一志愿。

这一两年接受访问时，我总会理直气壮地大声说："我不断地奋斗，就是为了追求别人的赞美和富足的生活。"这两样是柴火，能够为我增添动力，加油打气。主持人听到我的答案后，脸上浮现略吃惊的表情，很给面子地说："你能这么直白，真是了不起。"

如此诚实的答案会被人讨厌吗？不会。

有人还因为听到这段访问成为铁粉，传讯息给我："大米，听到你说自己就是要追求别人的赞美和富足的生活，我差点儿从椅子上站起来鼓掌，你真是太诚实了。"

世界就是这么有趣，当你配合社会的潜规则，你将成为乖巧且面目模糊的中间值。当你不受框架约束、走自己的路时，反倒成了新的规矩与典范，赢得他人的目光与掌声，一切就看你敢不敢。

我不是一开始就这样勇敢的，我小时候的志愿是当小学老师、当护士等，等年龄大了一点，知道的职业又多了一些，我隐隐约约地知道我喜欢做传播业，因为有趣。这行的喧哗热闹与新鲜，像是万花筒般吸引着我的目光，急着张望筒子里的下一个变化。如果有趣却赚不到钱可以吗？不行，我很确定百分百不行。

念小学时，我的志向就染上了钱的味道。我看到报纸上报道"老三台的电视从业人员，单月领单薪，双月领双薪，主管年收入超三百万台币"，那些数字好吸引我，因为我家好穷。印象中妈妈总是在跟邻居借菜钱，月中借，下月初还；跟会、标会[1]，四处周转还是穷困，无限轮回。家里经济紧张时，爸爸还会打妈妈，我小学时常在大人吵架吵得闹哄哄时，无助地窝在棉被里，一边哭一边在周记小作文上写着"我的家庭好幸福"。

钱很重要，没钱时父母心情都不好，还可能会被小人瞧不起。我妈妈的工作是去富人家帮佣赚钱，每到端午、中秋，妈妈总说，有钱人家有很多人来送礼，礼物堆积如山，吃都吃不完。也因为吃不完，食物过期了，就转送给我们。人穷，吃过期的礼品也被认为是应该的，这对我影响很深，后来我当记者时，收到满坑满谷的礼物后，总会趁着食物新鲜把高级礼盒转送给流浪汉，想让他们吃吃这些好料。就算没钱，他们也有资格吃好东西，我总是这么想。

大学毕业后，我去应聘记者，面试必考题——你为什么想当记者？

为了社会的公平正义。这是很安全的标准答案，我总是这样说。

1　台湾民间筹备资金的方式。

这不是谎话，我没说出的另外一个答案是："我想要高收入，我想光宗耀祖，我想让爸妈过好日子。"这样的答案，不是公司想听的，你的雄心壮志如何实践是你的事情，自己默默搞定即可，不用大声嚷嚷，不用期待因此得到别人的肯定。

如果在年轻时，我知道其他行业可以有高收入，会不会改变志向？会啊，当然会。

可惜，贫穷限制了我的想象。二十几岁的我并不知道世界上还有哪些工作能够单月领单薪，双月领双薪，电视台是我仅知的发财宝地，我怎样都要挤进去。多年后我总算进去了，该死的是，电视台没落了，电视成为夕阳产业。听前辈说以前只要考上老三台当记者，每月薪水就有六七万台币，家人还会摆流水席庆祝你飞上枝头要当凤凰了。辉煌的时光一去不复返，前辈们吃的是满汉全席，轮到我时只捡到一点点剩菜，偶尔能吃到一点点龙虾就算不错了。

我从不掩饰自己爱高收入，也更勇敢、更直接地谈收入。邀约我演讲的单位本来演讲费只给几千台币，听完我某次受访谈及心中理想的演讲价码后，主动将演讲费调高。当你明确说出你要什么时，大家也更明白如何讨好你，挺好的。

钱不臭，钱很好，钱可以让你做很多想做的事情，实现你许多的愿望。当你在追逐梦想与兴趣时，请不要忘记还需要面包。等你人到中年，就会知道社会对你的尊重与肯定是离不开物质基础的。年轻时穷是应该，中年时穷就是压力，你要早早明白这个道理，看清楚这世界的游戏规则，才能理性做决策。

物质太匮乏，笑容也会被生存的压力给消磨殆尽。每个人都应该追梦，那是灵魂的亮光，但你要记得在追梦时不要忘记面包，才能让你在岁月流逝后抵抗外界的质疑，有物质基础，就会更有底气。

当你有了物质基础，就可以任性一点，遥不可及的梦想看起来都有了实现的可能。相反地，当你过了一定的年纪，只有梦想而没有物质基础时，再伟大的梦想，听起来都很荒唐。

我们常说穷酸、穷酸，没钱不仅看世界都很酸，也容易觉得心酸。在追逐梦想的过程中，也考虑经济效益，才能在喂饱心灵时，让旁人不再对你说三道四、指指点点。

当你老是待在穷困的行业，你会以为年终奖金最多就是一个月工资，你无法想象有人光是年终奖金就可以买房跟买车。你以为天空就是如此低矮，人人都活得捉襟见肘。不是这样的，世界是多姿多彩的，也是很多元的，你要让自己看过大山大海，甚至认真挥霍过，才能在某天淡然地说："这也没什么。"

同一个产业，有人很敢谈收入，因此得到高收入，有人只会拼命说，"我不敢要求加薪，我谈了老板可能会生气""这数字不可能要到"，只要你这么想，你就永远得不到想要的。

别人怎样说怎么想都不重要，你不去试试看、要要看，就先说自己拿不到，岂不自灭威风，看轻自己。每个行业都有人拿到高收入，我希望那个人是你。

拿到高收入是我的志愿、我的欲望，我拼尽全力也毫不羞愧地争取自己想要的。你或许志不在此，不管你的志向是什么，就朝自己的目标努力，但记得要兼顾物质基础，金钱虽然不是万能的，没有钱却是万万不能的，你可以追求兴趣和理想，前提是要养得活自己。

∷ 世界是多彩多姿的，也是很多元的，
　　　你要让自己看过大山大海，甚至认真挥霍过，
　　才能在某天淡然地说："这也没什么。"

硬实力，带来底气

只要你够有影响力，够强大，
多数的游戏规则就影响不了你，
甚至都可以由你来决定。

在电影、电视剧中，常常看到大牌艺人因为迟到，被导演破口大骂，甚至还低头道歉的桥段。这多数是为了戏剧效果，在真实的录制现场，往往不是这样的。嘉宾迟到是常有的事情，可能因为堵车、通告排太满或者其他的事情，导致姗姗来迟。有时节目都开录了，某位嘉宾还在路上，这时候大家会先录像，把节目进行下去，中途要是他来了，主持人再补介绍，后面再剪辑一番，电视机前的观众完全不会察觉有人迟到了。

会有人骂这个嘉宾不准时吗？我没见过。

在等待录制的时候，嘉宾们会自己找事情做，默默滑手机，狂聊天儿，一切宁静祥和，在场的嘉宾跟工作人员都像是修养超好的得道高僧，不会发脾气似的，因为大家只想快点开录，早点收工回家。

迟到的理由一点都不重要，把节目录完才是最重要的，责骂无法改变嘉宾迟到的事实，且于事无补。

某次，大牌嘉宾迟到很严重，我对旁边的资深前辈打趣说："大牌的时间就是标准时间，你看麦当娜在台湾的演唱会多晚才开始，大家还不是乖乖照等。"

前辈怒目回我："为什么这样说？谁教你的？怎么学坏了！"

她顿了一下接着说："不过你是对的。"

过了一会儿，迟到的大牌嘉宾终于慌张地抵达，导播喊着：五、四、三、二、一，立刻开录。大家也不想听迟到的理由，什么理由都不重要，快点收工最重要。

迟到的大牌嘉宾日后会不会受到惩罚？不一定，只要他够红，大家都会忍耐。

同样的事情，如果发生在"菜鸟"身上，可就死定了！因为你的价值还没被看见，但你耽误工作的事实已经发生，没有功可以抵过，就会被狠狠记上一笔。

迟到的人会被当场指责吗？不会。成人世界里，很多惩罚都是很宁静的，这也是最可怕之处，大家不会多说什么，但他就是没有下次机会了。

职场上，"老鸟"以及大牌态度好，叫作敬业；"菜鸟"态度好，叫作应该。

只要你够有影响力，够强大，多数的游戏规则就影响不了你，甚至都可以由你来决定。

在电视台的新闻部，每天有两次截稿时间，一次是中午 12 点，一次是晚上 6 点，因此多数的记者会为了配合记者的作业时间，在中午 11 点以及下午 4 点之前举行。倘若记者会举行时间在中午 11 点半或者下午 5 点 30 分这样尴尬的时间点，除非是重大新闻，不然大家都一律舍弃它，当没这件事，甚至还会被我们奚落："搞什么！这个时间开记者会，是希望大家都不要去吗？"

俗话说有规则就有特例，如果是当红人物、重量级的董事长突然临时召开记者会，就算是半夜 3 点，我们也会立刻派记者过去，甚至出动卫星采访车，因为这条新闻很可能极有价值。

替强者开特例的情况，连拿文凭这件看似相对公平的事情，也包含在内。

我一直以为好好念书才能换取好学历，等我进入社会多年后，才知道当一个人很强的时候，连书都不用念，就会有一堆人抢着给你文凭。

某一年，权倾一时的某位政要开设了一所学校，作为培训政治人才的摇篮。当时许多政治人物、企业家，抢着去念这所学校，毕竟主事的老板是一呼百应的重要政治人物，书有没有念好不重要，交朋友攀关系才是正经事。

我当时的主管政治立场相左，也跑去当学生，日理万机的他，连同学间的交际应酬都次次到场，作业则全部交给属下写。他来交代作业时还笑着说："我的同学们个个都是大老板、董事长，人人都有书童，还会互问彼此书童的学历，大家的书童都好厉害喔！我这份作业星期五要交，记得星期四之前帮我写好喔。"

当时因为我学历比较低，连当书童的资格都没有，真是太开心了。

后来，我听到一个更有趣的故事，朋友老板的女友正在念研究生，身为高级主管的他得帮老板的女友写论文，老板的女友顺利毕业后，高级主管也升官了。可说是一人毕业，书童跟着升天，这位老板真是有情有义的典范啊。

:: 只要你够有影响力，够强大，
多数的游戏规则就影响不了你，
甚至都可以由你来决定。

总之，有本事的人连念书这件事，都跟没本事的人不一样。靠好好念书得学历的人都不够高级，有一些有特殊贡献的有钱人，不用写论文，只要捐的钱够多、贡献够大，学校直接颁发荣誉博士。

如果你觉得这世界上，很多人给你脸色看，不要怪别人，要怪只怪自己太弱了，别人才会连对你不爽都懒得隐藏。

一个人讲话再直接，脾气再差，看到重要人物也会变得彬彬有礼。世界上没有忍不住的脾气，多数真实的情况是，他觉得你不值得他忍住脾气。

当你弱的时候，你会经常感受到人心险恶，人人都想踩你一脚。当你强大了，大家都忙着讨好你，你会觉得世界上的好人变多了。你可能觉得这些人太现实，这样的人很讨厌，如果你想改变处境的话，请努力把自己变强大，因为这个社会的运作规则是由强人制定的，强人的时间就是"标准"时间。

不改变，你就输了

志向是可以转换的，
眼界、格局、视野
才是你人生中不可抛下的重点。

我家附近超市的店员阿志，是夜班打工的大学生，他跟我念同一所大学，所以我总是喊他一声学弟。买东西聊天时，我会顺便听听他的人生规划。

阿志曾说过想进媒体，我跟他在路边长谈过这行的酸甜苦辣，希望我的分享能成为他踏进这行之前的探照灯，指引他的方向。

有一天，我问他："你快毕业了吧？需要我帮忙介绍工作、送简历吗？"

"学姐，我不想去媒体业了。"

"不想去了吗？那也蛮好的。"

"蛮好的？为什么这么说？志向不是要坚持到底才对吗？"阿志对我的回答感到不解。

"我不觉得。"

志向一定要坚持到底吗？不一定。

人心是浮动的，那些内心曾经渴望的事物，在时空、环境转变下，变得不重要、不想要了。远看是朵花，走近一看只剩下苍凉，也就改道而行了。就好像童年时最喜欢的食物，在长大后尝遍各种山珍海味，对它也就不再执着了。

回头检视过往人生，你会惊讶地发现，我们每天都在改变，每个微小的变动如同太阳，缓慢进行，旭日变成夕阳，一切都不同了。

人生唯一不变的事情就是"变",那些在你心中看似不变的事情，也跟昨日有些不同，今天的"不变"跟昨日的"不变"是不同的。

人在立定志向时，往往都是不知全貌的"瞎子摸象"，看似理智的决策，可能都是天真与莽撞，日后调整方向很自然，不要对此感到愧疚，愧疚是在内耗自己的能量，对事情没有任何正面的帮助。当你对自己的改变感到不安时，很容易被别人的评断击倒，旁人随口说一句你的不是，你就崩溃到不行，甚至倒地。

人是善变的动物，不仅志向会变，对物质的偏好也会改变。

以买房子来说，我在29岁时，买下第一套房子。一开始的想法是，只要不用看房东脸色，能跟我的狗儿子阿毛安心地住在一起就好。我看了两套房子就做了决定，因为不知买房的水深浅，也就无所畏惧，加上没多少存款，能做的选择并不多，如此果断是因为太无知与太穷。交房时我满心欢喜，欣喜程度绝不亚于买下豪宅，因为总算圆了跟狗儿子住在一起的梦了。

十几年过去，随着收入增加，东西越买越多，我对这套小房子越来越不满意，我开始想要一套更大的房子。

是我变了吗？没错。

从前，我对房子的期待是有的住就好，如今，进阶到必须是三室两厅含车位，连窗外的景观都有要求。

那些过去觉得高不可攀的高规格要求，如今都是我在意的细节。随着收入转好，我有能力让人生升级，对于房子的想法，判断对象的好坏，随着年纪增长而有不同，由此可知，人心本来就是变幻莫测的。

在年轻时就奉行"知足常乐"不见得是好事，年少时是扩充、学习的阶段，需求创造了欲望的缺口，当欲望被填满，缺口补起来，下一个欲望就来了。人生是一个欲求不断变化的过程，也因此才会让人有不断前进与努力的动力。

我在电视台新闻部工作时，不论做记者、主管还是主播都很辛苦，工时长、压力大、薪水普通。支撑的动力，来自对前途的期待，以及因工作接触到新鲜人、事、物的精神收获。记者的身份，让即便是大学刚毕业的社会新人，都能跟政治人物、企业家、科技巨擘对话，跟社会精英人士接触，犹如请名师当家教，两三年下来，抗压性与眼界都会大跃进。有人日后转业进军政坛；有人换跑道去当企业公关；有人自立门户当活动主持人。这些人都曾经信誓旦旦地说，一辈子只想当记者，等到有一天，他站在更高的地方，看到云端上有更棒、更闪耀的职业，自然会改变志向。

志向是可以转换的，眼界、格局、视野才是你人生中不可抛下的重点，当你的眼界开阔了、视野宽广了，格局和想法都会大不同。

你的眼界可以牟动你未来的蓝图，普通人家的小孩，觉得有稳定的收入来源就是有前途，失业就觉得顿失所依。这样的价值观，在富二代眼中，却是不以为然的。他们觉得上班能赚什么钱，在家里提供的丰沛资源庇荫下，他们和其他年轻的富二代聚在一起，讨论的话题是要合资拿下哪个国际品牌的代理权。创业是他们的日常，一如我们日复一日地打卡上班。

我们在公司做得不如意时，不一定能顺利换下一家更好的公司，但富二代在A产业创业失败，仍然能够继续拿钱出来投资B产业，一直投资、一直创业，直到创业成功为止，创业的毅力来自背后雄厚的经济援助。

穷人的创业可不是这样，穷人的创业是赌上所有身家财产，梭哈[1]一次就没了；有钱人创业不只资金有父母支持，甚至连订单都可以靠人脉搞定。创业成功的富二代比一般人聪明吗？不一定。但确定的是，他们站在富爸爸的肩膀上，看到的世界比较辽阔，一开始设定的目标也就不同。

如果你在先天条件上不如人，就要投资自己，找份可以提升自己能力的工作，当你翅膀硬了，来到新的阶段时，志向也会跟着改变。此时，如果固守着当初的幼稚想法，才是傻，犹如穿着

---

1 为了一个目的赌上所有资产，孤注一掷的行为。

过时的裹脚布一般，不知变通。

你的志向最终都会经历转换、修正，不要害怕改变，也不要担心别人质疑你善变，拥抱改变，才能反转人生。

理想既是用来坚持的，也是用来抛弃的。我们都曾经设定过一些目标或者期待，等到接近时，发觉不是那么回事，就会舍弃。我们要不断背离过去的自己，才能长出新的自己。

∷ 你的志向最终都会经历转换、修正，
　　不要害怕改变，也不要担心别人质疑你善变，
　　拥抱改变，才能反转人生。

期待被爱，不如先爱己

当你是一块"锦"时，

别人爱不爱你都不重要，

那都只是锦上添花的点缀而已。

我很在乎我爸爸，我对他的感情非常复杂，将我爸爸的观念简化成四个字"重男轻女"，相信你就秒懂了。

人感觉自己不被偏爱，总得有凭有据，多数不被爱的感觉，来自没拿到想要的资源。小学三年级，是我记忆中第一次觉得自己被亏待了。也不能说是亏待，而是我跟哥哥们不一样，他们可以轻松拥有的，我就算开口要，也要不到。

小学的班主任开了补习班，标榜自由参加。同学纷纷报名上课。

我从小就是个鬼灵精，为了讨老师欢心，回家后鼓起勇气跟爸爸要补习费。我家日子过得不宽裕，"不宽裕"这三个字还是打肿脸充胖子的形容词，精确的说法是"捉襟见肘"。

小学一年级入学前，爸爸带我去夜市买制服，挑了件很大的卡其色长袖制服。"你把过长的袖子卷起来多折几次，这件衣服就可以穿到三年级都不用再买新的。"爸爸吐出"不用再买"这几个字时，脸上露出嘉许自己懂得精打细算的笑容，那一幕让我印象非常深刻。

穿超大的小学制服我不以为意，倒是内心清楚地知道，这件制服我要省着穿，最少要穿三年。恰巧，我长得不快，制服真的穿到小学三年级，性价比超高。

回到补习费这件事，哥哥们当时已经是初中生，语文、英语和数理化补习补得昏天暗地，我只是想补一个科目，应该……可以吧。

"你个小屁孩，补什么习！"第一时间就被爸爸拒绝了。哥哥可以补习，为什么我不行？

我想起童年时，哥哥们常戏弄地说："大米，你是捡来的，你的亲生爸妈是隔壁村庄卖鱼的，你快点回去。"没拿到补习费，我开始对自己的身世怀疑起来了，这种怀疑让我看到动画《小甜甜》主角从小生活在孤儿院的故事情节就备感亲切。

随着台湾经济发展，家境改善了一点点，我们家买了第一间房子，不用再全家挤在一间小雅房。那时，我爸肩上的担子还是很沉重。在小学快毕业时，我跟他爆发了最大的一次冲突，这件事让我对他的怨念好深好深。

我小学六年级时，同学们讨论要不要跨区就读明星初中时，我爸决定不让我升学念初中。

"你小学毕业就不要再念了，去加工区的电子工厂工作。"爸爸的决定，让我非常震惊也非常愤怒。

我对着威严的爸爸大吼："你就是不爱我啦，你最疼男生，他们都可以念初中，为什么我不行？你偏心啦，我不是你亲生的吗？"我嘶声怒吼，向来寡言的爸爸也跟着大声吼，我忘了他骂我什么，只记得场面好混乱，我妈妈怕我被爸爸打，用力拦着爸爸。

我冲出家门，一路哭着在街上乱走，无法止住泪水也无法收拾心碎，爸爸真的太偏心了！

我不知道能去哪儿，身上也没钱，边走边哭，大黑后又走回住家附近，躲进一栋大楼的楼梯间。我如流浪猫狗一般，躲在楼梯间闲置的弹簧床垫后面过了一夜，隔天依旧无处可去，只好回家。

这一晚，我不知道爸妈是怎么度过的，我只知道，邻居跟住在乡下的亲戚纷纷打电话来规劝我爸让我念书。我顺利地升学了，但这件事情成为我心里深不见底的黑洞，每次提起都会哭。那是一个不被爱的证明，一个被舍弃的烙印。

爸爸重男轻女，让我了解到此生只能靠自己，回头无路，也无靠山，只能拼命往前跑。

我个性好强，不服输，积极争取机会，这些特质是不被偏爱赐给我的礼物。

长大后，发生了"买房事件"，也给我留下很大的阴影。我爸偏爱大哥，全家住的房子，不用明说将来就是大哥的，爸爸也帮二哥出首付款买房。我以为当我买房时，手续费差几万台币，也可以找爸爸帮忙，结果他一毛钱都不肯借我，"女生买什么房子？你还是小孩子不懂事，买什么房子"。

爸爸的一句话就让我沉默了，也再度撕开了不被爱的旧伤口。后来，我靠着跟高中同学和大学同学借钱，把买房的手续费补齐。

我怨过爸爸吗？

当然。

即便发生这么多让我不舒服的事情，我还是很爱我爸，因为我知道他要养大三个小孩有多不容易。他拼命加班、轮夜班，只为了多赚点钱，假日去工地扛砖头、去大楼洗水塔，勤俭度日，连在外面吃碗阳春面都舍不得。

我们家三个孩子都知道他不容易，因此每次开口跟他要学杂费，内心都充满罪恶感与压力，我们是他的孩子，也是他的负担。

我对我爸的感情很复杂，爱恨交织，盘根错节。所有在重男轻女环境下长大的孩子，应该都会有这样的心情，又爱又怨又恨，相爱也相杀。

我对哥哥们也有着复杂的比较心理。我想证明给爸爸看，我是最优秀的孩子，你应该最疼我才对啊。在我当上记者后，逢年过节收到礼盒，我都会寄回家里，这些礼盒是对家人的照顾，也是想证明自己有多能干、多优秀！寄回去的礼盒里藏着我对父母的爱、对父母的不满与责备。我这种"战利品展现，宣扬己威"的行为，常让我从台北返乡时，跟家里屡屡产生口角。我工作发展好后，讲话也跟着大声起来，对于年幼时遭受的亏待，总是一提再提。到底我是想要父母的内疚道歉，还是期待他们说出三个孩子中最以我为傲？两种都有吧。

面对我的指责，我爸总是沉默。妈妈则在一旁说："你就是偏心，难怪被她怨。"

父母重男轻女与不被爱的内心伤痕犹如刺青，不用刻意去审视，也能感受它的存在，让我在活着的每一秒都心知肚明。

每个孩子都希望得到父母的肯定，而我即使当上电视台新闻部主管，还是得不到肯定。我爸妈觉得，"万般职业皆下品，唯有公务员最好"，他们为了养小孩，在他人面前一辈子卑微，只祈求孩子长大有饭吃，安稳平顺不求人就好。哥哥们都听话地选择了铁饭碗的工作，我只想走自己深爱的媒体路，期待父母认同，犹如缘木求鱼。即便把再多的年节礼盒寄回去，父母依旧忧心我的老年生活。

我渴求得到爸爸的肯定，随着时间流逝终究不可得，慢慢地也就放弃了。

重男轻女的冬夜太长了，我以为春天再也不会来，却没想到无心插柳地迎来了柳暗花明。

在第一本书即将出版时，我打电话告知家人，妈妈很开心地说："出书很难，你爸爸说很多人都做不到，你能出书真厉害！"妈妈在电话那头继续说着，我的眼泪从脸上滑落。

"你真厉害"这四个字，解锁了我一辈子的叛逆。

"你真厉害"四个字，像是一个桂冠，嘉勉了我此生所有的努力，让我泪如雨下。

"你真厉害"这四个字来得好晚，但终归来了。我觉得自己逞强了一辈子的肩膀，突然重量减轻了，如释重负。

真没想到，居然是因为出书让我人生的怨念解锁，很多事情真是想不到，也料不到。

许多孩子和我一样，终其一生要的也仅是父母的一句肯定。

一句话的重量很轻，但因为是挚爱的父母所说，孩子听进心里，每个字都很重，也影响很深。

人生是一趟前进之旅，也是一趟回望的疗伤之旅。我以为跟父亲的心结能解开到这样的程度已经是功德圆满，如烧化肉身取得舍利子一般得之不易，可遇不可求，我却不知道，后来还可以更好。

随着出书、上节目、接演讲之后，我的收入增加了。我活出了超越自我期待的样子，我很满意这样的自己。如果我现在看到二十几岁那个正在努力的自己，我会跟她说："大米，你的努力后来都值得了，你有一天不再提起往事就哭泣，你已经可以肯定你自己了。"

当我能肯定自己时，不仅肩膀上的重量减轻了，心里也再没有恨与怨。那些纠缠我大半辈子的情绪，如一缕轻烟消散于无形。如今，回望"重男轻女"的创痛，我有了新的视角。

爸爸也只是被传统观念捆绑

我爸生长在嘉义的小渔村，村子里重男轻女是主流价值观，女生小学毕业后就去加工区当女工是常态。爸爸生长在这样的环境中，很难超越传统观念的捆绑，在他看来，不让我升学不是亏待我，过去渔村的女生几乎都只念到小学。爸爸成长的年代，社会认定女生不用念太多书，甚至还把家中长姐赚钱让弟弟升学念书看作长姐的本分，好女儿的角色里面有太多牺牲与委屈。

很多父母根本不觉得重男轻女有什么不对，因为在他们生长的年代，就是如此。

不要小看文化的力量，我们也很难逃脱。例如，现在的文化教导我们，找对象时，男生年纪最好要比女生大、男生要赚得比较多，如果女生嫁人后必须扛起经济重担养全家，女生多数是不愿意嫁的，为什么男生就必须养家呢？我们也受文化观念捆绑而不自知，我们的爸妈也是。

电影《十岁离过婚的诺朱姆》[1]对我影响很大，这部片子让我从"传统文化观念对人的影响"的角度去审视重男轻女这件事。电影女主角诺朱姆·阿里生在也门，从小爸爸很疼爱她，但10岁时，爸爸将她嫁给年近40岁的男人！

诺朱姆·阿里在惊恐中行房，活在被先生痛揍、被虐待的悲惨世界，她愤而逃离夫家，经历千辛万苦，前往法院提出离婚请求，这个真人真事轰动了全世界。从小疼爱诺朱姆的爸爸，认为女儿上法院诉请离婚不是保护自己而是让家族蒙羞。诺朱姆

---

1 也门电影，上映于2014年，讲述了十岁的女孩诺朱姆要求萨那的一名法官允许她从一段可怕的婚姻中离婚的故事。

:: 人生是一趟前进之旅，
　　也是一趟回望的疗伤之旅。

的爸爸不懂自己到底做错了什么，他只是按照社会习俗走，哪里错了？

这部电影是我同理爸爸的开始，我爸跟诺朱姆的爸爸一样，在他传统的价值观中，他已经扮演好一个爸爸的角色。只是时代变化太快，他跟不上；他的女儿太有想法，他管不住。想来我应该也是爸爸生命中很大的难关与考题吧。

我凝视痛苦的深渊，遗忘甜蜜时光

我总是不断地对别人诉说爸爸不让我升学、不让我补习的心结，却忽视爸爸在我家经济好转后，供我念学费很贵的私立大学，从台北返回高雄都搭飞机，这些优渥的生活条件是他给的。由此证明，我爸不是不想让女儿念初中，只是早些年他供不起，在能力有限的情况下，他选择把资源给了比较会念书的儿子而不是女儿。

沉默寡言的爸爸，也曾让我感受过深刻的父爱。

那年，有只鲸鱼搁浅在旗津外海，新闻报道了"罕见大鲸鱼搁浅死亡，吸引民众抢参观"。爸爸骑着伟士牌[1]摩托车，载着年幼的我前往看热闹。抵达后，爸爸对我说："你自己进去看就好。"我狐疑他为何不一起进来看，等我参观走出来，看到入口处简陋

1　意大利踏板车品牌，以复古文艺著称。

的纸牌写着"入内参观鲸鱼，大人 30 台币，小孩 10 台币"，我就懂了。爸爸舍不得花 30 台币进去看鲸鱼，但他舍得花钱让我进去参观。

回程的路上，他骑着常常发生故障却舍不得换的伟士牌摩托车，载着一辈子怨恨他重男轻女的女儿。

世上没有任何"得到"是应该的，即便亲如父母

爸爸帮大哥准备房子，给二哥购屋首付款，在我买房时却连一块钱都不肯借我，这件事情成为我心中另一个难以化解的结。

有时候，解开一个心结，只要一念："为什么我能决定自己的钱怎样花，父母却不能决定自己的钱要给谁呢？"爸爸的钱是爸爸辛苦赚的，他要给谁，甚至丢到水沟里面只为听到"扑通"一声，都是他的自由与权利。

他生下我，把我养大，让我受教育，已经很够意思了。我再多要什么，都是贪求与自私。

钱是爸爸赚的，他有权利不给我。

父母难为，所有孩子都想被偏爱

如果爸妈给我跟哥哥一样的待遇，我就会开心吗？扪心自问，不会。

因为哥哥们虽然得到比较多的资源，却也被父母控制得更

深，做职业选择时都必须乖乖听话。比起乖乖听从父母的安排，我更想活出自己想要的人生。

后来我才察觉到，每个孩子都想得到父母最多的偏爱，而不是公平对待，只要家中有两个小孩，手足之间的竞争就一定会存在。

将心比心，如果我当父母，能做到公平对待每个小孩吗？不可能。

我连对自己所养的猫狗都会偏心，更何况是对人。要做到公平不容易，要心上公平更难。

不被爱是礼物，可以逼出一个人超强的潜力

人这种动物，有了靠山，就容易懈怠。孟子说："独孤臣孽子，其操心也危，其虑患也深，故达。"这话确实有道理，没有靠山才是最好的靠山，当你体悟到只能靠自己时，就会拼尽全力，而世界上唯一不会背弃你的人就是你自己。

我从小就知道，在重男轻女的情况下，未来分家产时，爸爸的财产跟我无关，家里能养大我就很好了，其他的我都只能靠自己。因此当我在职场上遭到挫折失败时，我只能自己想办法挺住，靠自己的意志坚持下去，也因此磨炼出超强的抗压力与解决问题的能力。

不被爱是个礼物，这个礼物需要靠"努力"的钥匙去打开，

打开后是个聚宝盆，让我受用一辈子。

从怨怼到同理，从期待被肯定到自我肯定

父母偏爱谁是没有理由的，被偏爱的孩子就算什么都不做，父母还是觉得他最孝顺，他只要好好活着、好好呼吸就已经做到一百分。

不被父母宠爱的孩子，往往想做更多，证明自己值得被爱。但老实说，基本上你无法改变什么，你做得越多，到最后发现，自己还是最不被爱的那一个孩子，你会更受伤。

有时候爱跟不爱不是你做了什么，只是你跟父母的缘分比较浅。

所有的逆境都是为了成就独立与坚强，因此你要感谢自己不被宠爱，唯有无依无靠，才会自立自强。不受宠爱很好，这样才能振翅高飞，无所牵绊。

关于偏爱这件事情，要看开也要看淡，人生是自己的，别人不爱你没关系，你爱自己就好。

当你是一块"锦"时，别人爱不爱你都不重要，那都只是锦上添花的点缀而已。

感谢"柠檬精"

面对突如其来的恶意攻击，

只要挺过去，

你就来到一个人生新高点。

我会持续写作，跟网友的攻击有很大关系。是网友的攻击造就了我的写作之路，攻击有多猛烈，推动我上进的力道就有多大，由此可以想见，发生事情的当下，我有多痛苦。

写作从来不在我的生涯规划中，一开始只是在脸书上写了篇文章，网站编辑询问我是否可以授权刊登，于是我开了黄大米粉丝团。文章刊登后颇受欢迎，点阅率不错，编辑喜滋滋地又来约稿，我也开开心心地说好。第二篇稿子，我写了让我印象最深刻的离职单。这张离职单的主人令人激赏的职涯发展是个很励志的故事，文章一开头是这样写的：

当电视台新闻主管多年，签过上百张离职单，属下离职理由往往不悲不喜地写着"另有生涯规划""家里需要帮忙""健康因素""进修"，签完不仅我忘了，连当事人恐怕也不记得，唯有一张离职单让我印象深刻，上面的离职理由是"不堪台北物价飞涨"。

这位很有想法的年轻女生离职去花莲当记者，两年后熟悉的工作让她生腻，再度离职，转去人生地不熟的北京当记者，不到30岁月收入折合成台币超过12万。

不到30岁，月收入超过12万台币！多传奇，多励志。我写这篇文章，只是想记录下曾经有一个很勇敢的年轻人，活蹦乱跳地四处去闯，月收入从不到3万台币，两年多后变成12万台币。

我单纯想分享这份赞叹，连一块钱稿费都没有拿到，为了谨慎还再次采访那位女生，才写下了这个故事。文章刊登在各大网站后，成为点阅率第一的热门文章，在商周、今周刊、风传媒等各大媒体网站都是第一名，太有成就感！各网站编辑纷纷道恭喜，粉丝数瞬间暴增。你听过一个成语"乐极生悲"吗？没错，在我喜滋滋地沉浸在文章受欢迎的喜悦中时，也因此迎来人生最痛苦的一次网友攻击事件，倒霉死了。

网友质疑我说谎，怎么可能薪水这么高，更有一堆同业记者跑来粉丝团骂我乱写，"你写这种造假文章，不要脸""你写的人我也认识，你为什么要说谎""不要用高薪数字骗浏览率""你是不是不敢见人""我知道你在哪里上班，你们公司怎么会用这样的主管""我是人力资源管理师，不可能给这样的薪水，你在骗人"……

我一开始还认真跟攻击者解释，没想到我越回应，攻击越猛烈、嘲笑得更酸。隔天我接到媒体朋友关切的电话，告知我这篇文章在相关记者圈中引起强烈的震撼。他们不仅留言说我造假、不饶过我，还攻击文章里的当事人。攻击我最凶的不是陌生的网友，而是记者圈的同业，我被骂了三天三夜，即使到了三更半夜，谩骂也不曾停歇。

我从一开始不想跟网友笔战，最后气到深夜走出家门买啤酒喝下去壮胆，在网络上跟网友对骂。事后想想，真是何苦又何必，当有人想恶意伤害你时，你的道歉跟辩解都是没有用的，他们只希望你去死，此时你连呼吸都是错的。

我当时很生气，生气之余产生莫大的力量，决定继续写下去，因此才有了后来许许多多的文章并出书。真的很感谢我自己的努力以及那些骂我的人，让我现在过得这么好；没有他们的激励，以我这样疏懒的个性，一定早就不写了。人生祸福难料，谁都可能伤害你，最重要的不是凝视那些伤害，而是要坚强地往前走出新的康庄大道。

后来我才知道，攻击我的记者不希望这篇文章曝光的原因非常有趣："我老婆不知道我赚这么多，黄大米这样一写，我老婆就知道了。""我们收入比其他组的高，以前大家是背后暗地讨论，这篇文章曝光后，大家会觉得我们日子过得太爽。"

我从这件事情了解到，很多时候别人讨厌你，不是因为你做错了什么，而是他有问题、他内心有鬼。

在我还没有成为黄大米时，也曾经遭遇过很惨烈的网友攻击。在陈述这件事情始末之前，我先承认这件事情我们有错，但在错误发生后，对方的弥补要求，已经超越当时我职务权限范围了。

让我带你来了解这件事情的经过：

那是一篇网络上流传度很高的文章，文笔诙谐，观点有趣，文章所配的图片更具有画龙点睛的效果。我请记者把文章做成新闻，该篇文章流传很广，我们不知道原出处在哪里，只写上引用自网络。新闻播出后，撰写该篇文章的网红作者非常生气，率领粉丝出征，攻击电视台网站，留言又酸又难听。

我不断给这位网红发私信，向她道歉并说明原因，恳请对方原谅。网红作者要求电视台在官方网站上道歉，这样的道歉规格不是我的职权所能决定与给予的，我再次写信询问她，有没有其他方式可以让她息怒，也找了很多人去向她求情。她不为所动，还把我跟她往来的信件与讯息公布在网络上，跟粉丝一起嘲笑我，"电视台主管还错字连篇""电视台记者跟主管果然无脑，真丢脸""没念过书才当记者"。我非常错愕于她公开彼此往来的讯息内容，让网友公审我，但也无可奈何。

事情发生后，我的 MSN 上不断传来网络上关于这件事情的各种讨论文章，媒体同业纷纷来问，"大米，网红骂的是你吗？"这些关心，让我备感压力。

我跟网红继续解释并道歉，她不为所动，坚持要电视台在官网上公开道歉、发公文和函文致歉、制作道歉新闻、主播在电视上代表电视台公开道歉，等等。我的公司当然不愿意，事情就这样僵持着，而网络上还不断蔓延、讨论着。

几天后的深夜，某报的主管打电话给我："大米，大家是朋友，你跟网红不愉快的事，明天会见报，我先跟你说一下让你有心理准备。"

∴ 人生祸福难料，谁都可能伤害你，
　　最重要的不是凝视那些伤害，
　　而是要坚强地往前走出新的康庄大道。

"喔，上报纸了啊！好啊，闹最大也就这样了，我要去睡觉了。"我焦虑了好多天的心情突然放松了。

最差的情况已经出现，无所谓了，那晚我终于可以安心入睡，隔天继续接受大家在看了报道后的询问。面对他们的关心，我笑笑说："对啊，是我，就是我，是我这个大倒霉蛋没错。"

同事走过来拍拍我的肩膀说："进厨房就不能怕脏跟怕热，不是吗？"是啊，我们做错在先，对方愿意原谅是运气好，不原谅我也只能承受。

这件事情给我的体悟是，任何事情最后都会解决；当下不能解决的，时间也会把事情解决。面对任何意料之外的事情，你只要安顿好自己的心，就万事太平。

经历两次网友排山倒海的攻击，对我的抗压力帮助很大，当你挺过很强的风浪后，之后碰到类似的情况都当是小儿科。因为我已经有了"柠檬精抗体""酸言酸语解药"。这些破事儿让我磨炼出很强的抗压力，遇事处变不惊，越来越懂得如何面对网络上的风浪，我真心觉得挺好的。

我也学习到，很多时候不论你多拼命地解释与示好，当对方什么都不想听，一心只想要把你送上公审台斩首时，你就不用浪费力气说什么了。

我们引用网络文章没有写清楚出处的行为确实有错，这点不能否认。目前该名网红在网络上还是活蹦乱跳，庆幸的是我也活蹦乱跳，打不倒你的，终将让你变强大。

如果你正因被同事攻击伤害觉得难过，我想跟你说，不要伤心，对任何攻击只要不理会、不在乎、不回应，就不会伤害到你。把握这"三不"原则，你的人生就会变得很顺利。活在人世间，被误解是常态，也因此被理解才显得珍贵。

网友的攻击多数来说都是不理性的，请不要当真，曾经有网友留言骂我："黄大米，你就是很缺德，所以才需要捐钱做善事，买赎罪券。"我看着这则留言哈哈大笑，我很开心自己有能力买赎罪券，洗去一身罪孽，造福更多辛苦人，挺好的。

曾经还有网友骂我："黄大米，你身为一个母亲，这样的言行怎么教育孩子？"这个留言让我大笑很久，我刚好不是一个母亲啊，这位网友是否把我跟作家大A搞混，"我是大米不是大A喔，别走错片场了"。

对于我这样好强又认真的人来说，推动我前进的最大动力，从来不是赞美跟祝福，而是突然而来的打击与瞧不起，那会让我想要做给别人看，证明自己可以。

每个人一定都曾碰到过不舒服的批评，如果你只会跟别人诉苦，那打击你的人就得逞了，因为你的沮丧表情，正是他想看到的。如果你可以因此更积极向上，即便现在失去舞台跟掌声，相信未来也会有更亮的光打在你身上。套用某个名人的话，当你是个人物时，不论走到哪儿，都是舞台的中间，是你决定了舞台中间在哪儿，是你擦亮了舞台，而不再是被舞台决定的小人物。

前进的路上一定会有绊脚石，你只要勇敢往前走，努力去拿、去争取，就有机会得到想要的。面对突如其来的恶意攻击，只要挺过去，你就来到一个人生新高点，只要站得够高，你就看不到山脚下的那些纷争。

如果你拥有一双翅膀，勇敢去飞，你就是一只能飞翔的鸟；相反的，当你有一双翅膀，却只想在安全的陆地上走来走去，你就会变成一只鸡。

人生路上期许自己飞高一点、爬高一点，风景也会好一点。

　∵　人生路上期许自己飞高一点、爬高一点，
　　　　　　风景也会好一点。

无路可退时，
活下来才是最重要的事

想要突飞猛进让人刮目相看，

你需要跨出舒适圈，拥抱每次危机就能迎来转机，

开创下一个契机。

在这家民营广播电台，许多主持人都说着一口普通话，随时可以向海内外广大的华人同胞播报新闻。

阿玲靠着八竿子才打着的薄弱关系卡进主持人的位子，无奈因为一口闽南语，让她始终无法上场主持节目，只能当个转拷CD的行政人员。

五年过去，她早已适应了行政工作。有天，主持节目的机会突然从天而降，让她感到错愕与惊慌，"我做行政工作时天天被盯得要死，每小时都得写工时表，每天拷贝CD，工作量很大。从行政人员变成主持人，没有人问过我要不要，我们这种小人物就是油麻菜籽命，有很多无可奈何，只能忍耐"。

新职务常常都是公司乱点鸳鸯谱，点到你你就得上场，没有人管你准备好了没有。没有准备好，请识相地自请离职。公司直接喊下一位，反正后面还有一堆人排队。

阿玲得到新职务后，迎面而来的就是斗争，"当时，公司政策是年资满30年或55岁以上的员工列入资遣名单，面临被资遣的老员工处处针对被留下来的年轻人，他们以为弄走这些年轻人，就能继续在公司做下去"。

阿玲回想起那段被斗争的日子，除了心有余悸外，更多的是无处申冤的委屈。

"被资遣的人都很优秀，个个都是金钟奖的常胜将军，口条好、腔调圆，年轻一辈根本比不上。他们常嘲笑我们满口闽南语，想等着看我们出糗，以便好好嘲笑。公司也不力挺我们，生怕杂牌军上阵，节目连连出错，砸了公司招牌，说到底，我们不过就是逼走老将的一颗棋子。"

阿玲的节目没有知名度，经常连嘉宾都找不到，"你想想看，谁会浪费时间来上没有影响力的小节目，有些年轻的同事扛不住压力就离职了。我有两个小孩要养，怎样都得撑下去"。

俗话说为母则强，阿玲的老公因病过世后，她独自扛起养孩子的责任，勉强糊口的薪水，数目不多的存款，让她在遇到职场暴风雨时，犹如坐在破船上，风雨飘摇也得奋力航行。

对于新任务，阿玲的态度是怎样都要做做看，如果立刻辞职走人，不是让敌人称心如意吗？

在"前有埋伏，后有追兵"之下，阿玲心生一计——嘉宾不来，我何不离开录音室主动去找嘉宾录音？她扛起机器外出主持节目，"受访的单位都会派口才一流的人出来接受采访，我就让他们一直讲，我只要偶尔搭腔或者提问一两句就好。出去采访一次，录音三小时，就够让我撑三期节目了。"

有些人对于受访时间这么久，虽感到疲累却装作没事一般，表面上客客气气，但转身后的话语却是伤人。"有次嘉宾戴着迷你麦克风起身去上厕所，我从耳机中听到她对别人说：'这个主持人访问这么久，累死我了！她什么都不懂，要我一直讲、一直讲。'我听得清清楚楚也只能假装没事，我需要嘉宾帮忙撑起这个节目，我只能装聋作哑，忍气吞声。"

"我很感谢我的嘉宾，帮助不会采访也不会主持的我渡过难关。"阿玲靠着嘉宾的好口才存活下来了，招数笨拙却是无计可施下最聪明的做法。

节目播出后，同事冷言冷语嘲讽："她只会让嘉宾一直说话，主持人可不是一台录音机啊！""她的破锣嗓子也能主持？""没天理！连闽南语都说不好的人可以主持节目，我这种得过三次金钟奖的主持人居然被逼退。"

阿玲忍无可忍，也对外叫板放话："我过去是没有机会主持节目，给我三年时间，我就可以拿到金钟奖。我打算连续拿两年，之后休息一年不拿奖，因为一个新人连续三年都拿奖有点太过了，未来只要我想得奖，就能得奖。"

阿玲真的连续两年拿到金钟奖了吗？

"没有啊！当然没有。我当时就是气不过，找茬儿而已，反正前辈快被资遣了，日后也不会出现在公司，我有没有拿到金钟奖不重要，能激怒他们一下就很爽了！"

阿玲对资深同事叫板是为了争一口气，撑住不走，也是争一口气。强大的意志力是她克服万难的超能力。

阿玲跑去外面采访制作节目，是拿命在拼生存。"我采访回来，常剪辑到凌晨一点，导致白天访问嘉宾时，有时候会边录边打瞌睡，受访嘉宾也不忍心叫醒我。我长期过度劳累，三餐不正常，导致胰腺指标飙高到住院打点滴。住院时，因为没有人帮我代班，我还跑回电台剪节目。"

天道酬勤。一年之后，阿玲的节目慢慢做出口碑，访谈嘉宾也越来越配合。

此时的她，已从那个生怕打破饭碗的主持"菜鸟"，摇身一变，成为能独当一面稳住饭碗的"老鸟"了。

阿玲的故事给了我三点体悟：

裁员时，留任者跟被迫离去者之间，仿佛有一道墙

阿玲的薪水并不高，却被薪水优渥的资深主持人视为眼中钉，说穿了就是因为资深主持人想继续留任。

一般来说，职场上的过节并不是什么深仇大怨，而是你挡了别人的财路或者升官之路。你什么错都没有，就是碍了别人的路，要不就把自己缩小退让到墙角，让自己毫无发展的可能，要不就坦然面对。

你要认清彼此因为立场不同，永远不可能和平共处的事实，无须讨好，坦然面对，保持距离就好。

看清楚情势，分析利弊后就能放胆叫板

我曾经问阿玲，放话要拿金钟奖却未曾拿过，不会很窘吗？

阿玲笑着说："一来，这没有什么好在乎的，时间过了这么久也没有人会记得。二来，这有很多讲法可以开脱，例如，就说公司的规定不合理，领导不力挺我；不是我办不到，是大环境造就我的无能，这样面子就保住了。"

阿玲算准了只要自己撑住，就是胜利。

在职场上放话、叫板，替自己出一口气，必须跟阿玲一样，先沙盘演练，分析好利弊再行动才能大获全胜。

舒适圈可以让你开心，跨出舒适圈可以让你增长技能

俗话说得好，"家财万贯不如一技在身"。

没背景、没学历的阿玲，想要不被公司淘汰，必须要学习其他技能才能保住饭碗。职场上的变动，逼迫她日夜追赶学习当主持人的技巧，让自己更有竞争力。

危机来时，舒适圈被打破，当你能在乱流中稳住，技能也就提升到新境界。想要循序渐进地学习，你需要舒适圈；想要突飞猛进让人刮目相看，你需要跨出舒适圈，拥抱每次危机就能迎来转机，开创下一个契机。

新来的主管对阿玲勤奋的工作态度颇为欣赏，她不仅加了薪，还顺利养大了两个小孩。

命运给了她一手坏牌，她凭着一口气过关斩将，终于柳暗花明，打造出一片得以安身的小天地，她的努力造就了自己。

PART 2

把每一仗
都打好打满

换了位子换了地位

明白所有荣耀都有保鲜期，

得意时谦逊待人，

日后平凡度日时，

就不会感叹万千。

"主跑我们公司新闻报道的记者，在某场餐叙上说，我很难搞，配合度很低。"一进店里，我就对老友乔姐吐露工作上的苦水。

"你难搞？有吗？"乔姐不解地问。

"这位记者想做我们公司的产业专题报道，我给了相关资料，但主管婉拒受访，记者对此不满，愤而在聊天软件上直接大骂，'为什么我每次只要找你们做采访，都会遇到困难？几百年来都这样，你们这样真的不行。'她骂我的文字不断在 LINE[1] 上喷出，我只好不断跟她道歉。"我苦笑着对乔姐解释事情的来龙去脉。

"找受访者是她的工作，为什么要骂你？"乔姐替我抱不平。

"我们当记者时也觉得企业公关都要伺候我们啊，这位记者的态度正常啦。"将心比心，我自己也曾有过不知感激的心态。

乔姐跟我相识多年，我们从媒体业转职到企业。白居易的《琵琶行》中有一句"老大嫁作商人妇"，意思是红颜老去后，客人稀少，嫁给商人求个温饱。媒体工作者的职场命运又何尝不是如此，随着年岁增长、体力衰退，再也禁不起 24 小时的随时待命，此时，很多媒体人都想转换跑道，到企业当公关，求个正常

1　LINE 是韩国互联网集团 NHN 的日本子公司 NHN Japan 推出的一款即时通讯软件。

上下班的安身之处，换取薪俸度日。我跟乔姐也循着这样的转职轨迹，在几年前到企业任职。

"她知道你是黄大米吗？"乔姐困惑地说。

"骂我的时候应该不知道，后来可能知道了，几天后，她默默收回骂我的话。"我边吃着卤味边说着后来事情的发展。

阳光从窗外洒落，我们用餐的地点是家很朴实的小面店，一如我们离开媒体产业后的人生，滤掉记者光环后，就是个可以任人随意飙骂的小公关，不再享有特权与礼遇，却可以很踏实地过生活，挥别生怕自己错过新闻的焦虑。

乔姐为了安慰我受创的心灵，说了个精彩的故事。

每到地方选举期间，媒体对于较可能胜选的候选人总是比较关爱，高人气、高胜率的候选人竞选总部总是人声鼎沸、人山人海、人流不断。反观冷门的候选人，竞选总部则是人烟稀少、门可罗雀，工读生比客人还多，光看这景象，就知道胜选有多难。第一次参选的阿伟就是如此惨淡的境况。

阿伟每天勤劳地跑市场、拉选票、握手，站在路口挥手，从早晨忙到深夜，所有的努力如盐溶入水，丝毫看不出差异。竞选进入倒计时，阿伟的心情犹如热锅上的蚂蚁十分焦急。急中生智下，阿伟想到了乔姐曾经是媒体高层，找她来操盘舆论导向，一定没问题。

乔姐见到阿伟就先骂了一顿："我还真不懂，你是哪根筋不对？你又不愁吃穿，干吗出来参选，做牛做马还被人嫌，又何必呢？选区里双方都有派系，你无党无派参选个屁？"

阿伟被骂得一脸窘迫，话像鱼刺卡在喉咙，吞下去、吐出来都难受："对对对，你说的都对，但我都已经参选了，大话已经说出去，至少让开出来的票数不要太难看，也让我对背后力挺的金主朋友们有交代。"

阿伟对政治有热情，加上家里祖产丰厚，自然想参选实现理想。选举梦还真是有钱人才玩得起的游戏，大街小巷的海报与广告牌都是用钱打点出来的。和阿伟一起长大的拜把兄弟，力挺他的政治梦，出钱也出力，阿伟担心辜负朋友们的期待，对于成败更加在乎。

在阿伟参选的选区，双方捉对厮杀，其他小党候选人，像是陪公子哥进京赶考的书童，无名也无姓，完全不会引起注意。

明星候选人不论吃喝什么、干什么都是媒体报道的焦点，至于没人气的候选人多如过江之鲫，就算上街拉选票喊破喉咙，求爷爷告奶奶也没有什么露脸的机会。阿伟属于后者，他是政治素人，也是选战中的弱势群体，可怜啊。

"阿伟，你平常有没有什么特别的兴趣或者嗜好？有没有一些有趣的、有噱头的、有故事性的事情可以让媒体报道？还是你有做了什么好人好事？"乔姐刀子嘴豆腐心，嘴上念叨着阿伟参选是不智之举，倒也真心实意地帮他想在媒体上曝光的办法。

"你也知道，我就是个很平凡的人，连我老婆都觉得我无聊又无趣。我每天都很认真地在菜市场拉选票，记者都不来拍，我真的心好累。"每个候选人每天都在拉选票，试图吸引媒体报道，但不是人人都有上版面的机会。

"你再仔细想想，多想一下，有没有比较特别的？"乔姐语气中有种恨铁不成钢的心情，巴不得自己去参选，也比眼前这个空有政治热情的二百五强。

阿伟思考了一会儿，鼓起很大的勇气说："我、会、跳、火、圈！"

"跳火圈？你会跳火圈！"乔姐眼睛亮了，一个候选人会跳火圈，真是太有梗了，比狮子跳火圈还有梗呢。

"我以前在学校练过体操，只要把铁圈弄大一点，点上火，我可以毫发无伤地跳过来又跳过去。"阿伟像是突然被老师赞许的孩子，急着展现自己的才能。

"如果你可以表演跳火圈，版面就是你的了，但你可要想清楚，有版面不一定有选票，可能一阵热热闹闹后像烟火一样就消散了。"乔姐虽心喜，也不忘善意地提醒阿伟。

选战中没有曝光就等于等死，曝光不见得可以活命，至少有一线生机，阿伟人在"窘途"，决心豁出去拼了。

冷清又小的竞选总部，在阿伟决定举办"跳火圈记者会"时，突然热闹了起来，工作人员有人忙着研究如何点火才不会失火，有人研究灭火器的使用方法，竞选总部回春似的生气勃勃，空气中弥漫着振奋的气氛。阿伟本人每天都在小学的操场里面练习跳火圈，跳过来又跳过去，熟能生巧，勤能补拙，乞求跳火圈当天平安顺利。

"阿伟，我跟你说一下记者会举行后，媒体上可能产生的效应。"乔姐讲话向来犀利又中肯，良药苦口，吃不吃得下，就看个人身体与心灵是否强健。"记者会当天你一定会上新闻，跳火圈成功，发在政治版，标题大概是'素人参选为了政治理念跳火圈博版面'，反之如果跳失败了，火烧到自己，就是社会版头条，标题会是'自以为狮子王！素人参选跳火圈博版面，失手烧到自己送医急救'，医疗记者会搭配一则烧烫伤急救法的新闻。总之，不论成败，版面都是你的了。"听完乔姐的分析，阿伟挺开心的，他觉得这辈子辛苦练体操，就是为了这光荣的一役。

乔姐细心提醒大家，当天阿伟接受媒体联访时，记得要把火圈先灭掉，如果火圈继续烧着，阿伟站在前面受访，后面会像大型挽联，这么触霉头的事情，切记要避免。

在新闻部编采会议上，当政治组的记者汇报明天有候选人要跳火圈时，新闻部主管们眼睛都亮了。

采访中心主管说："直接开卫星采访车，记者务必从候选人跳火圈热身时就开始联机，这则新闻太有趣，要大做特做，记得候选人跳过去的瞬间要慢动作三次，让大家看清楚一点。"

编辑部主管也乐开怀，抢着插嘴："这条新闻，我们编辑部想每一节整点新闻都联机，你们派口条好一点的记者，我们准备一下马戏团里狮子跳火圈的画面，到时候直接开双框对比，新闻的特写也规划一下，要有一种熊熊火焰的感觉，燃烧吧火鸟、火鸟、火鸟。"

终于，到了记者会这一天。

电视台的摄影机来了十几台，卫星采访车来了五台，纸媒与网媒记者排成一排，等着捕捉跳火圈的精彩瞬间。

记者会一开始，阿伟委屈地诉说自己作为无党派人士，生存多不容易，娓娓道出自己想改变社会的使命感，"很多人都说我这次参选是玩假的，很像在跳火坑，我只好通过跳火圈的行动，展现我是真心参选，我胜选的决心比眼前的火焰还要猛烈。"乔姐在一旁听着也觉得感动。

阿伟衣服一脱，助跑、冲刺，如灵巧的豹子跳过熊熊火焰，英姿焕发又灵巧，让人想举起满分 10 分的分数牌。看来阿伟真的练过，面对大场面毫不怯场，现场的媒体记者们都对这场"跳火圈记者会"感到很满意。眼看记者会进入尾声，竞选总部的工作人员开始收拾烧过的铁圈、地上的软垫子、灭火器等，等到差不多撤场时，有一家电视台迟到了，记者小君走过来对乔姐说："你是公关吗？抱歉，我们来得比较晚，没有拍到画面，可以请阿伟哥再跳一次吗？"

说来也巧，乔姐也曾在这家电视台当主管，对于作业方式与行业生态，熟悉得不得了，她好声好气地对小君说："跳火圈是有危险性的事情，防护的东西都撤了，不太可能再跳一次，别家电视台的记者都还没走，你去跟他们借画面，卫星采访车上拷贝一下，比较快。"

小君对乔姐的回答很不以为然："拷贝画面？哼，我们不做这种事情，只有其他电视台拷贝我们的画面，没有我们拷贝其他家的。如果你们参选人不重新跳，我们就不播这则新闻，我们是收视率最高的电视台，我们没播就等于全台湾一半的人没看到。"

小君这句"我们没播就等于全台湾一半的人没看到"彻底激怒了乔姐。"嚣张什么劲儿！"她内心暗暗骂着。

生来傲骨的她，哪容得下后辈叫板的气焰，"你们不播，我也没办法。"乔姐一脸抱歉悻悻然地说完，小君看事情不能如己意，脸也沉了下来。

故事听到这，我觉得乔姐真是太有骨气了，我敲碗询问："后来呢，新闻真的没播吗？"

"播了，当然播了！全台湾的电视台都播了，她就算脾气再大，也不敢不给公司交代。"

新闻一定会播，但稿子怎么写，可是大有玄机，乔姐深知记者对受访者心生不满时，下笔方式可以自主决定。她抢在新闻播出前拨了通电话给小君的主管邰哥，邰哥刚入行是"菜鸟"记者时，乔姐曾多次提点帮忙，如今，就算乔姐离开媒体圈，这份师徒情邰哥都是记得的。

"邰哥啊，我家候选人的新闻麻烦多多关照，你们就算把我们候选人跟马戏团的狮子比一比，我也能接受，只是拜托你们这次的报道可以中立一点吗？"乔姐把姿态拉低，话也说得漂亮客气，让人一听就明白。

"乔姐，大家自己人，你放心，我们会以诙谐有趣的方式来呈现，让这则新闻成为沉重选战中的亮点。"

新闻播出后，内容很友善，乔姐心中的大石头落下来。

此时，手机声响，小君打电话给乔姐，话里带酸也带剑："乔姐，你早说嘛你是新闻圈的前辈，有什么想法可以现场跟我说啊，何必打电话给我的领导呢？"

"我不确定你会怎么下笔，我是一个公关人员，我只是转达一下我们的期待。当然，你最后怎样写，播出什么内容，我也无法控制。"兵来将挡，乔姐态度坚定。

"乔姐，你在控制新闻！你打电话给我的主管，这样不是新闻操控是什么呢？你操控新闻很成功。我们领导要我明天去拍你家候选人阿伟的选举专题，再麻烦乔姐费心帮忙安排喔。"小君回嘴讥讽，捍卫主权，也宣泄不满，旋即挂了电话。

乔姐可不是省油的灯，立刻打电话给小君的主管邰哥："我刚刚接到小君的电话，要不是我还在搭捷运（地铁），我就骂她了，她打那通电话来是什么意思？"

邰哥边连番道歉边抢着说："你别生气，我去跟小君沟通沟通。你们候选人跳火圈的新闻很好看，收视率一定高，我们想增加一条专题报道。"

这场战争乔姐赢了，但双方梁子也结下了，之后两人在其他场合巧遇时，小君会当着她的面语带酸楚地自嘲说："我只要看到乔姐就觉得很害怕，怕万一新闻做不好，乔姐又会打电话给我的主管。"

多年以后，乔姐又跟我谈起这件事情，除了云淡风轻外，多了点调侃的味道。"我也不会怪小君，我们当记者时，看到每个人也都是'你哪位啊'的态度，记者必须'藐视大人物'才能不畏惧强权，才能把新闻跑好，自然就培养出这样的性格。"

"对啊，我们在对受访者发怒时，根本搞不清楚他的来头与身家背景。"我检讨着自己过去的态度，"前几天，有位记者因为一些事情在电话里把我骂了很久，我也就任由她骂，当作消业障、报应来了。"换位之后，我也从那个骄傲的大牌记者，变成无名无姓的小牌公关了，尝到人情冷暖。

"我们当记者时太自以为是，以为自己可以影响全世界，以为自己很厉害，等到失去麦克风与镜头后，才被打回原形，明白自己什么都不是。"

不论是自愿还是被迫，失去公司品牌与头衔的防护罩时，我

∷ 没有了社会地位与不切实际的吹捧，
也许反倒能拥有更多、
更踏实的东西。

们都会失落。明白所有荣耀都有保鲜期，得意时谦逊待人，日后平凡度日时，就不会感叹万千。没有了社会地位与不切实际的吹捧，也许反倒能拥有更多、更踏实的东西。

对了，阿伟后来落选了，但他奋力一搏的拼劲与态度，倒也挺值得学习。

能吞下一口气
才是真强者

我们不仅在处理事，也在处理人，

人的部分搞定了，

再不合理的事情都可以有转圜的余地。

倘若人的情绪安抚不好，

再简单的事情都可能被刁难。

你有没有想过，为什么老板只喜欢听话的员工？真正有能力、有想法的人，往往发展比不上听话的那些人呢？

让我用个小故事来解释给你听。

我在当企业公关时，某次办完记者会，身心顿时放松下来，决定找个空当搭出租车去服饰店逛逛。

平日我总是搭公交车前往，在我的认知中，到服饰店最近的路，就是公交车走的道路。没想到搭上出租车后，司机开的方向完全不同，我开始怀疑司机是不是弄不清楚路况，或者是想绕远路。我客气地问司机："为什么不走前面的桥？我平日搭的公交车都这样走。"司机说："公交车都会多绕点路，才能多接点乘客，我现在走的这条路比较近。"

我对他的话存疑，心里很不安，就请司机听我的，按照我指定的路走。他嘟囔了一下，还是听从我的指示，改变行驶路线。突然，我又觉得每条路都相似，不太确定是否可通往目的地，慌乱下，我一下要司机大哥往前走，一下又指示他转弯，我们这台车成了无头苍蝇在马路上团团转。我拉不下脸来认错，车内的气氛也变得有点僵，为了逃避这一切，我立刻下出租车，改搭公交车。虽然比较慢，至少那是我安心且熟悉的方式。

下车后，走了没几步，我的方向感回来了，也察觉司机大哥刚刚建议的道路确实是最短的路程。强烈的内疚感涌上心头："司机大哥一定知道我是错的，却因为我是付钱的人，即便他知道我说错了，还是得听我的。倘若他坚持走自己想走的路线，纵然是对的，也会惹得我不开心。"

我的乘客心态，就是许多老板的心态。

老板付钱聘雇员工就是为了解决他的问题，而不是请员工来评论与反驳他的决定，制造出更多问题。老板交代的事情不管你觉得有多蠢，先去做做看，给老板一个面子，万一真的行不通，至少你试过了，之后再婉转提建议给老板就好，最后决定权还是要交给老板。

在职场上，我们不仅在处理事，也在处理人，人的部分搞定了，再不合理的事情都可以有转圜的余地。倘若人的情绪安抚不好，再简单的事情都可能被刁难。

再说个小故事给你听。

小靓是个配音员，某天接了个项目，客户品牌的总经理亲自前来开会，总经理一开口就说："我希望你配出来的声音是，眼睛一闭起来听，给人感觉凉凉的……凉凉的感觉你知道吧？"

"什么东西？凉凉的感觉？"小靓内心有很多不以为然，到底怎样的声音是很凉的声音呢？是七月闹鬼的那种凉吗？换作"菜鸟"配音员此时一定会翻白眼，小靓是情商超高的资深配音员，她什么都没说，仅微笑地询问总经理："凉凉的声音？没问题啊，××总您希望大约几度的凉呢？您想要 10 摄氏度的凉，零下 5 摄氏度的凉，还是零下 30 摄氏度的凉呢？"现场的人包括那位总经理听完都忍不住大笑。

总经理有点不好意思地说："唉哟，就是凉凉的，你也知道我们是卖冰的，就是要听起来凉凉的啦。"这段对话，让大家笑成一团。现场气氛好，工作也就顺利搞定了。

小靓接口说道："我懂我懂，我试试看，×× 总你听一下，看够不够凉？如果觉得不够凉，我再来调整喔。"

小靓不仅情商高还懂得察言观色。她事后跟我说，你想想看，配音的成果谁来审核？一定是总经理。如果你在第一时间反驳他的需求，让他脸上无光，你就算配音配得再好、再凉，配一千次都不会过关的，因此怎样都要先笑笑说："没问题。"

小靓的高情商来自人生的历练，她生过一场大病，生死一瞬间的苦难让她学会豁达。她告诉自己，除了与生死有关的事，其他都是小事情，都不重要。从此也练就了装糊涂的本事。

多年前的某一天，她提早到录音室工作，在录音室里趴着休息。

不一会儿，某位配音界的大哥来了，由于门未完全关上，她听到下面的对话：

录音师："这次的配音安排不是我发小靓的，是客户指定找她。"

配音大哥："没关系，你以后就跟客户说她生病或是在海外。"

录音师："好好好！"两人继续聊天说笑。

小靓不想再继续听两人在背后说自己的话，就装傻从录音室走出来，两人看到她，脸都吓白了，小靓只淡淡地说："我刚刚在里面睡着了，要开始录音了吗？"她如常工作，假装完全没听到刚刚两人讲的话。录音师和配音大哥观察她好一会儿，这才放心跟她说说笑笑……

不论是在职场或者生活中的做人处事上，年轻时我们总是血气方刚，最在意的是如何替自己争一口气，遇到事情时，忍不住争强斗狠。等到有了一定的人生阅历后，你逐渐会明白，在关键时刻，能吞下那口气的，才是真正的强者。

:: 在关键时刻，

能吞下那口气的，才是真正的强者。

资历能换来机会，
实力才能坐稳位子

光鲜的头衔与职位都撑不了太久，

犹如午夜 12 点以后的灰姑娘，

很快就被打回原形。

阿忠调到我的部门时，我皱了皱眉头，但人是老板面试招进来的，老板觉得可用，我哪能反对？况且我跟阿忠还不熟，不如就试用看看。喔，忘了说明一下，为什么我对阿忠的能力感到怀疑，因为阿忠在到职后两个月内已经转换了三个组，我们组是第四个，新闻部只有四个组，他已经"周游列国"。

　　观察阿忠两个礼拜后，我开口对上级领导说："阿忠是个很乖的孩子，但不太适合跑新闻，我可以不要他吗？"我突然明白为何其他组的主管不想要阿忠，他的脑筋太死板，新闻工作需要很灵活的人，如果坚持用阿忠，我可能会气到脑中风。

　　"如果连你都不收，我也只能叫他走路了。"上级领导说出她的决定，又把球丢给了我。如果我坚持不用他，好像显得很残忍，最后我决定让阿忠继续留用察看。

　　记者这种工作，没有职前训练，最多跟着前辈跑三天，就得自己独立作业。大家都很忙，没有什么循循善诱、好好教导这回事，适者生存、不适者淘汰，你不适任，外面还有大把大把的人要进来。

　　阿忠非常乖巧地继续在我的组里待着，他有多乖呢？我交代的每一件事，他都弯着腰仔细聆听，拿着笔写在黄色的便利贴上，回座后贴在计算机前。黄色的便利贴越来越多，他的计算机越来越像装置艺术，方方正正的屏幕贴满了黄色的便利贴。可阿忠把我交代的事项贴完后就结案了，丝毫看不到他工作能力的改善。

编辑部的同事都知道阿忠这号人物，因为阿忠写的新闻太容易出错了，在组织中表现最优秀跟最烂的员工都会被高度注目，前者用来表扬，后者用来当茶余饭后聊天儿的笑谈。

有一天，编辑部的主管走到我桌前，看了一眼阿忠贴满黄色便利贴计算机屏幕，用略带惋惜的口气说："大米，你的下属好乖巧，写了好多你交代的话，不过他做的新闻到底在写什么？你知道昨天他起的标题有多夸张，你有没有帮他审？"

我当然有帮他审，要命的是，他稿子中要审的地方太多了。补破网的工作很艰巨，因为网子破洞很大，任何地方都能窜出一条活蹦乱跳出错的鱼来，我也只能苦笑。

关于阿忠的投诉抱怨，来自四面八方，资深的摄影大哥走了过来，用闽南语对我说："米姐，这样真的不行，他连去街头访问路人，都不敢直接上前去问，而是先帮路人移摩托车。等帮完忙后，才问路人能不能接受采访，一条新闻要拍很久，来不及播出啊。"摄影大哥摇摇头抱怨着，还庆幸自己明天排休，可以避免又和阿忠搭档。

电视新闻的稿子，重点是口语化跟画面感，阿忠顶着知名大学中文系的高学历来上班，每一篇稿子都深奥到让我大吼："你到底在写什么？"骂他时我也会感到于心不忍，但转头看到阿忠回到座位上后，没有立即改稿子，却悠闲地吃起从家里带来的中药补品，我就后悔刚刚没有多骂两句。

我气到快往生，他还在养生；我在面对他错误百出的稿子，试着接受它、处理它时，阿忠已经快乐地放下了它。我觉得自己道行太浅，体悟到面对它、接受它、处理它都只是过程，谁能先放下它，谁就赢了。

阿忠跑新闻的"经典"案例越来越多，每一个例子说出来，大家都会笑到肚子痛。但我笑不出来，因为阿忠是我的下属，我每天都在替他善后。

终于，我爆炸了，再次对上级领导说："阿忠真的不适合当记者，我已经尽力了。"在这么艰难的一刻，我的上级领导倒是一派轻松，有种"死马当活马医，最终死马还是死了，也不能怪大家没尽力"的释然，阿忠这段职场弥留的观察期，让大家都能接受他不适任的事实，让阿忠可以好好上路，怨不得人。

阿忠对于被淘汰出局完全不能接受，他的梦想就是当新闻主播，如今居然无法在新闻部容身，令他大受打击。他不断地叹气，似乎在感叹生不逢时，千言万语卡在喉咙，最终挤出一句："老板，我知道了。"

调度记者去哪边采访，是新闻部主管的权力与责任，主管在每天的稿单区写上记者的名字，代表这条新闻由谁去跑，例如：A 去看选举表决结果，B 去警察局了解偷窃案后续进展，C 去教育部门听少子化公开听证会。

那天在填写稿单时，我眼睛一亮，有一个名模出席的记者会，阿忠竟在调度区写了自己的名字，我感到纳闷儿，叫阿忠过来，问："名模记者会不是我们的管区，是影剧记者的事情，你为什么写上自己的名字？"

阿忠提高声量对我说："我今天最后一天上班了，你为什么不让我去名模的记者会爽一爽？"爽一爽，这三个字让我的脑袋瞬间一片空白，原来主管的任务，还包括在不适任记者的最后一天，让他去"爽一爽"。

我对此感到很不爽："这是影剧记者的事情，你不能去。你最后一天上班，我为什么必须让你去爽一爽，你今天不用拿薪水吗？"我铁着脸反驳阿忠，暗暗咒骂他真是个白痴。

阿忠离职后，找了电视台内的资深主播文姐吃饭，餐桌上阿忠不断唉声叹气，诉说自己的委屈，接着畅谈他的新闻理想，强调自己多适合当主播，并询问文姐一些播报的技巧。

文姐非常热心，倾听阿忠不得志的哀愁，还给了他许多职场忠告。阿忠感激在心，终于有人懂得他的怀才不遇。他用闪闪发亮的眼神对文姐说："真的很谢谢你跟我说这么多，我今天没带钱，这一顿你可以先埋单吗？"阿忠果然是阿忠，每一次的出手都是一个令人傻眼的惊叹号。

曾经有位粉丝给我留言："天底下没有不行的属下，只有不会教的主管。"这几个字让我理智线断掉，我想用这个小小的故事跟大家说，属下如果能力弱到不适合这个职位，不是春风化雨就可以让朽木变神木。当他还没变神木之前，我就已经气到成为墓碑，等着让大家来上香了。请不要以为自己是救世主，可以拯救每个人，只会徒增痛苦而已，最后你还是会请他走。为了让自己长命百岁，该让他走就让他走，才是明智之举。生命会自己找到出路，我相信他可以找到更适合的工作岗位。

阿忠后来怎么样了，转行了吗？那你就错了。他在台湾几个电视台短暂任职后，转战海外电视台工作，对于如此频繁地转职，他对外的说法是"因为我能力很强，能够快速适应各种新闻，被派到不同的线路都可以立刻上手；公司对我非常器重，我屡次被其他公司挖墙脚。"

阿忠随着频繁转职，资历越来越丰厚漂亮，资历都是真的，也都是假的。为什么说是假的呢？譬如，他曾经在新闻台参加主播征选的试镜，但履历表上的资历自动升级为曾担任电视台主播。

他曾在大陆的某集团担任公关专员，履历表上变成"担任首席执行官贴身幕僚和主管，带领团队，为企业家执行个人品牌传播计划"。如果面试官问他执行的细节，他会霸气地回答："我只负责大方向，细琐的小事是下属做的事情。我只负责制定目标，监督他们。"

阿忠的履历表堪称"教科书等级的精品履历表",横看、竖看都完美,最大的破绽就是他太年轻了,不到35岁资历已经横跨两岸三地,让人不禁充满疑问。

阿忠的人格特质确实不够脚踏实地,由他的故事也可看出,用名牌资历可以换来更多机会。如果你没有名牌资历就去拿一个吧,找工作很好用的,履历上的资历总是虚虚实实,如果你是有实力的人,更该学学阿忠如何夸大自己,别因为太客气、太谦虚,限制了发展。

阿忠骗得了一时,却难安顿自己一世,至今还在不同的企业走跳,但光鲜的头衔与职位都撑不了太久,犹如午夜12点以后的灰姑娘,很快就被打回原形,让他又得继续参加一场又一场的应征派对,等待下一个被华美履历吸引的伯乐。

:: 履历上的资历总是虚虚实实，
　　如果你是有实力的人，
　　别因为太客气、太谦虚，限制了发展。

面对"老鸟"的冷漠，
小心轻放玻璃心

在踏入职场或者转换跑道时请做好心理准备，

把别人的冷漠当正常，

你就不会浪费时间在自己的内心小剧场，

为人际关系伤神。

我常说，刚进电视台的"菜鸟"记者最适合丢到某些机构跑新闻，为什么呢？因为那里有一群爱上镜头接受采访的政治人物，就算你第一天跑新闻，只要有摄影机，镜头一开，麦克风一递，他们立刻滔滔不绝地在镜头前面畅所欲言，各个口齿伶俐，唱作俱佳，绝不冷场。这些政治人物是受访专业户，让每一只首次飞来的"菜鸟"记者都能顺利完成采访任务，也能逐渐累积采访经验。

我刚成为电视台新记者时，照例也是先被丢到那里磨炼。

刚去报到，我很快就知道这里是谁的地盘。最资深的记者是曼姐，后生晚辈都以尊敬的态度仰望她。她对我们这群新人很冷漠，不太搭理我们这些"小菜鸟"。俗话说物以类聚，"小菜鸟"很快就会找到同类，"老鸟"们抢着回避我们这些"小菜鸟"，因为跟"菜鸟"熟，就是给自己添麻烦。

资深的曼姐当然也是如此，有时我们这些新人想跟着她的脚步去采访，还会被当场呵斥："人是我约的，你们跟过来干吗？要做新闻自己去约访啊，你们只会跟在我屁股后面跑新闻，跑新闻这么简单啊？你们的薪水要不要分我啊？"每次被曼姐骂，我们都不敢回嘴，只能像做错事情的孩子一样，头低低的，然后假装没事地离开。

曼姐的资历很深，家世背景也大有来头，再加上她后天的努力，让她成为最吃得开的记者。每当一群记者采访时，曼姐都是第一个提问以及主问的记者，如果有哪个不懂职场规矩的新人抢在她之前提问或插话，她会立刻像《红楼梦》中的王熙凤一样，用白眼瞪死你！一个眼神就能让没眼力见儿的新人知道这个行业规矩。"你有没有礼貌啊，等我问完问题你再问，不要浪费大家时间。"当众教训其他记者是曼姐的强项，这里的规矩曼姐说了算！

我们这群"菜鸟"常互相取暖，互相吐苦水，抱怨这些资深的姐姐怎么这么冷淡，真是没有同理心，难道她自己没有菜过、茫然无助过吗？

我曾经不懂也不解为何前辈总是冷脸对人，等到我资历稍微深一点后，就明白了。新闻圈来来去去的记者如过江之鲫，曼姐这样的前辈一定曾经热情帮助过新人，但活力四射的新人在照面几次后，可能就决定转行了，只留下一张张想不起脸孔的名片。这种事情一而再、再而三地发生后，这些前辈觉得心很累，他们会怀疑眼前笑脸盈盈问好的新人，到底能不能撑过三个月。更实际地说，这些前辈跟我们这些新人交流到底有什么好处？还真的没好处。

论人脉曼姐比我们广，论新闻业务曼姐比我们专业。以她的资历来说，如果花时间跟我们交朋友，只会经常被纠缠着问一些幼儿班的基础题，这种问题对她来说，未免太幼稚、太容易，也太烦了。职场上多数的资深前辈都会觉得跟新人保持距离，才能落得清闲。

这些前辈脸上的冷漠其实是保护色，保护自己的热情帮助不会有去无回，如果新人可以撑过三个月，前辈的脸色会好一点。倘若新人撑住半年，前辈会知道你有久留于此的打算，开始把你当成一起跑新闻的伙伴，而不是来新闻圈蘸酱油的过客。等新人资历满一年，前辈会愿意跟你分享一些受访者的通讯簿，因为一年资历的新人也能逐渐培养出和前辈互惠往来的能力。

这些欺生的人不见得是坏人，他们可能多次遭遇过对别人一头热却换来感情付诸流水的失落，从此处世待人变得小心翼翼。

资深前辈的冷漠处处可见，他们不是无情，而是认为训练新人好累。

有次，我到某家杂志应聘被录取了，上班第一天，看到某个名嘴记者走进办公室，同事把我介绍给她，她一脸冷漠，只点头说了声"喔"转身就走。

几年后，我开始上节目跑通告，经常碰到她，随着碰面机会越来越多，她对我的态度也越来越热情，甚至某次当我的麦克风出状况时，还顺手帮忙调整，为何前后态度差异这么大？多年前，我只是第一天报到上班的新人，天知道我会做多久，会不会三天后就走了。像我这样的新人多不多？超多。所以，也怪不得别人对自己冷漠。至于后来跑通告再相遇时，她态度转变，是因

∷　这些前辈脸上的冷漠其实是保护色，
　　保护自己的热情帮助不会有去无回。

为随着碰面的次数增加，她知道我活下来了，有可能成为长久交流互惠的人物，自然变得和颜悦色，这不是现实，而是人性。

人跟人的往来跟投不投缘、聊不聊得来有关系，但在此之前，双方能否密切交往的关键，是彼此之间能不能互助、互惠、等量付出，鱼帮水，水帮鱼，这段关系才能融洽与长久。

当你踏入新的工作环境时，一开始对你冷眼的人不见得是坏人，你要给他们一点时间去认识你、了解你、相信你，所以请捧好你的玻璃心。

在踏入职场或者转换跑道时请做好心理准备，把别人的冷漠当正常，你就不会浪费时间在自己的内心小剧场，为人际关系伤神，职场道路也就能走得更顺遂。

给主管的求生秘籍——
补人之前需三思

公司指令要听,

但自己可以微调整、微婉拒、微拖延。

"你看你看，恬恬又不高兴了，唉。"副总拿下老花镜，走过来跟我碎念着。

企划部的恬恬能力很好，人聪明，做事也认真，工作交给她，就相当于有了质量的保证，我一直以为她是副总心中的红牌，有点诧异她也会有负评。

"恬恬表现都很不错，就是脾气大了点，她生气我乱丢任务给她，哎呀，我不得已啊，她之前的项目结束了，只能找事情给她，没事情做，老板会要我开除她啊。"副总解释着，也不知道是真的抒发心情，还是要我私底下去劝劝恬恬。弄不清楚副总的真实想法，倒是那句"没事情做，老板会要我开除她"，吓得我心里冒冷汗，担心哪天轮到我。

听到副总这样说，我决定日后下属离职，尽量不补人，因为补人会给自己添麻烦。

在我当主管几年后，对于职场有了更多的了解，知道很多事情不能只看眼前是否需要，要多想想之后的效应与风险评估，尤其是风险评估。

我一开始当主管的时候，危机意识也没有这么高，都是吃过了几次听命公司要求却把自己搞死的亏，才懂得如何在夹缝中自保与求生。"菜鸟"主管会对公司的命令言听计从，"老鸟"主管则会看情况配合。

我第一次当主管是在电视台的新闻部，底下有七八名党政记者，党政组的记者负责跑政府相关部门，听起来很威风，实际上不然：当政治新闻冷清或者休会时，党政记者会沦为找不到新闻可做的冗员，负责支持各组新闻采访，从财经、娱乐到社会都有可能，哪边需要人就去哪边。

相反，等到政治新闻热度很高、抗议事件很多时，公司会让主管添补人手，听起来是不是很美好？如果你傻傻地按照公司要求补了很多政治记者，你就得做好将来头很大的准备，因为等到政治新闻淡季来时，这些没新闻可以跑的记者就是你沉重的背包，让你走得好缓慢，让你这个主管知道什么是生不如死，终有一天陪着你腐烂。

从此，我懂得了一个道理，公司指令要听，但自己可以微调整、微婉拒、微拖延，如果你傻傻地把人补满，将来的你会痛恨现在老实的自己。

一个主管手上有多少人，就做多少事情，这是基本的道理，有时公司可能多给你一点点任务要你们承担，但如果太多，你也可以用"没人手"的理由把事情推出去，甩锅甩得干干净净，管他后来谁接了这口黑锅，只要不是你就好。职场上就是"日头赤炎炎，随人顾性命"，把自己顾好就好。

我曾经碰到过一个很无能的主管，他每次接到公司给的任务，都会一脸愁容，大声哀号叹息说："我很想做啊，这不困难，我以前曾经做过更大的项目，当时震撼业界，但现在我底下人手不够啊，没人啊！唉……没人啊……"

总之，"没有人，才导致他无能"这一招他用了很多年。等公司帮他补人了，他还会常骂下属说："要我花这么多时间教你，我自己都做好了，你要自己想办法，自己看，自己学，请你来真是帮倒忙。"

新来的人往往不堪羞辱，就走了。他就又回到"没有人"的状态，因此，就可以重复使用"没有人，导致他无能"这招，而这招也让他在公司安稳过了十几年。

如果你是一个积极往上爬，喜欢当三军统帅发号施令的主管，就很适合尽情补人，感受当主管的威风，承担压力是你喜欢的事情，有野心的主管，会对每个新任务与新挑战都兴致勃勃。

相较起来，我则是个只想把分内事情做好的主管，对于升迁我已经了无兴趣，对于加薪三千、五千台币也毫无期待，像我这样只求每个月能领薪水、好好过日子的主管还蛮多的。

把人补好、补满的坏处很多，第一个坏处是，当你的部门人数众多，每次公司检讨营运绩效时，会第一个被检视，毕竟你们部门人事成本这么高，不针对你们要针对谁？公司营运不好时，最先开刀的就是人数多的部门。

你可能会说，我们部门也曾经帮公司打下不少江山，建立不少功绩。

拜托你不要这样天真，过去的事情就已经过去了，公司只希望你此刻能解释一下，贵部门为何花掉公司这么多人事费？此时，你会像哑巴吃黄连——有苦说不出，更惨的是写报告时，你要帮每个属下将日常工作"小事化大"，光是书面报告都可以让你无语问苍天。

第二个坏处是，你的属下会怪你，为什么呢？因为当你们部门从旺季来到淡季，公司会乱派事情给你们，多数的属下对于被乱塞任务都会不开心，最常见的抱怨就是，"我是应聘某某职位，主管给我的新任务不是我负责的事情啊"。

举例说明会更清楚："我是应聘营销企划，怎么要我去帮忙测试 APP！""我是产品经理，不是客服，要当客服我早就去别家大公司了。"

当主管的你是不是常听到这种抱怨呢？对，属下都会怪主管乱派工作，但他不会想到主管是好心在"找事情"给他做，让他可以在公司继续生存。

所以，身为主管的你适度补人即可，补人之前需三思，思考公司这几年的运营状况是否稳定、思考你上司的性格、思考公司的文化，多想三秒钟，再决定是否补人。

一个部门，补人与不补人，往往不是只需考虑绩效这么简单，不补人也许才是明智之举，这个存活的锦囊妙计是大米用血泪换来的，请你好好收藏。

：：　很多事情不能只看眼前是否需要，
　　　　而是要多想想之后的效应与风险评估，
　　　尤其是风险评估。

经历遍体鳞伤，
才熬出与生活搏斗的
坚强与剽悍

女人当然可以温柔，

但不是为了满足社会期许，

刚强与果断同样都是闪亮的勋章，

值得女人抬头挺胸戴在身上。

三十几岁是许多人首次当上主管的年纪，34岁的小鱼也来到了是否接任主管之职的十字路口。

她过往表现优异，是很被看好的公司新生代。面对即将担任主管难免不安，她找我讨教当主管的要诀，听完我的建议后，她用缓慢的语调客气地说："嗯，我要好好学习怎样当一个温柔的好主管。"

温柔？我有没有听错？

我眉头皱了起来："为什么当主管要温柔？好主管跟温柔没有关系，好主管可以霸气，只要能解决问题，用肩膀扛起责任，就够了。"温柔"这个特质跟百货公司各种五花八门来店礼一样，有很好，没有也没问题，商品折扣低一点才是顾客最想要的。同理，当主管最重要的特质绝对不是温柔，又不是在选亲善大使或者吉祥物，一个主管如果只会微笑跟挥手，那真是太好当了。"

我认为一个好主管必备的重要特质是果断。拖泥带水、犹豫不决的主管，会让组织内耗、属下天天做无用功。只不过果断这种特质，放在男生身上叫作有魄力、霸道总裁，放在女生身上，就是强势，充满负面含义。

坦白地说，我做决策时超果断。这样的行动力来自专业上的自信与经验的累积，我会在乎别人说我强势吗？不会。

我只在乎自己有没有做出对的决定，让属下成功达标，让部门评价更好、让公司成长。我从没想过我的作为会不会被认为不温柔或太强势，只想着怎样把事情做好的我，眼中只有达标与超标这两件事。

我的属下会因此讨厌我吗？多数不会。

因为他们知道，当他们在工作上碰到困难时，我会霸气地大喊："事情来不及了，我来处理。"他们都知道我虽然严格，但永远会救他们，而不是让他们去死，这是我身为主管的责任，也是对属下的慈悲。

我不需要属下觉得我温柔，只要他们信任我就好。我不用对属下和颜悦色，只要他们出错时我可以帮忙扛下来，他们就会感激我。当主管的人，心力要放在重点，而不是放在细枝末节与纠结某些没必要的情绪。

我想对所有的女人说，你如果很想在职场上往上爬，要提升自己的工作能力，而不是强调自己的女性特质。你在抢夺职场大位时，如果表现太温柔，一定会被别人踩在脚底。被外界评论为很霸气、很强势，没什么不好。

让自己在职场上好好往上爬，拿到想要的职位与薪水，把日子过好才是最重要的。其他什么成为又美又温柔的主管这种梦幻泡泡，真的随缘。

我从来没听过男性主管期待自己温柔，甚至太温柔的主管还会被嘲笑；反之，社会上却期待女生当个温柔的主管，她必须要像塑料水桶一样耐操 [1] 好用，又要具备陶瓷花瓶一样的优雅纤细，难度好高。

温柔不是当主管的标配，当主管最重要的任务是不要让公司倒闭或是下属态度消沉。我最爱自己做决定时的果断，真是帅气啊！

在台湾，女生只要不是温柔婉约类型的，就会像是长歪的枝叶，社会上常用尖锐的评论来修剪你的枝丫，希望你长成柔顺的模样。古时候女生需要柔顺，有其时空背景，因为她们要仰赖男生才能存活，但现代的女生不可能只在家相夫教子而不工作。既然女生跟男生一样在职场上奋斗，怎会只期待男生有魄力，却认为在同样竞争环境下的女生要柔顺呢？

时代不同了，女生可以刚强，这是职场环境训练出来的求生本事，请你不要用"裹小脚时代"的标准来要求自己。

即便已经来到 21 世纪，女生只要有头脑、有个性、有想法，还会被议论说"这个查某 [2] 一定嫁不出去""以后谁娶了她日子难过啦""个性这么强，以后婆媳问题一定很多"。总之，老一辈对女生最大的诅咒，就是嫁不好！他们认为女生最大的价值就是结婚生子。如果你接受这样社会的价值观，就可能成为讨好不了传

---

1 耐操，指结实、耐用。
2 查某，闽南语词汇，指女人。

统、却给自己很大压力的女性。

为什么要接受这样的绑架？你的价值不应该只是用结婚生子来定义。如果一个社会，只会用"婚嫁""生子""温顺"来定义女生的价值，那么这个社会还有很大进步的空间。

身为女人，务必要有养活自己的能力，能养活自己，才有底气。

被认为剽悍跟难搞没有什么不好，没有利用价值才是最大的问题。当你可以为别人提供好处与利益时，再难搞都不是问题。你可以人好，但务必要有刚强的一面，才能保护自己与家人。活在这世界上，想要痛快尽兴过日子、过得精彩，甚至在工作上有所成就，你要拥有可以跟人吵架，以及跟人和解的能力，缺一不可。

吵架只是手段，如何双赢才是你必须思考的最终目标。

剽悍是一种能力，你要感谢老天爷给你敢吵架的勇气。

每摔过一次坑，跌过一次跤，你会逐渐长出坚毅的神情和更强的行动力。

现代女性要在职场存活，需要在没有办法时想办法，没有退路时想退路，该争取的时候就杀出一条血路。每个能干的女人，背后都是经历遍体鳞伤，才熬出与生活搏斗的坚强。从过去只说"我不会"的天真少女，到变成把"我可以"挂在嘴上的强悍女人，中间得经历多少蜿蜒与曲折的故事。

∷ 　每摔过一次坑，跌过一次跤，
　　你会逐渐长出坚毅的神情和更强的行动力。

女人当然可以温柔，但不是为了满足社会期许，刚强与果断同样都是闪亮的勋章，值得女人抬头挺胸戴在身上。

当你不再期待自己当个温柔的主管，主管之路会走得顺一点，将来发展也能更好一点。展翅高飞之前，怎么可以先斩断自己的翅膀，你说是不是？

阶段性梦想
让你的人生不受限

梦想这事，当然需要一点坚持。

但可能没有人跟你说，

梦想需要随着你的格局不同，

随着人生阶段的不同，去做调整。

"我们主管脑袋有洞，如果我没排休假，大新闻就会一直由我来写，其他人都去处理一些轻松、好做的新闻。"阿竹在新闻部五年，是资深编译，难度高的新闻自然落在她头上。

我不以为然地说："你主管脑袋没有洞，如果我是你的主管也会这样处理喔。"我不是替阿竹的主管讲话，是所有主管都如此，谁有能力就派谁来解决问题。"能者多劳，不能者多爽"是职场常态，主管如果把任务交给天兵，就是自己收拾残局，有脑的主管绝对不会这样做。

纵然我可以把道理分析得头头是道，好像很成熟、很有高度，但换了立场来看，如果我的老板一直把难处理的事交给我，我的内心也会不舒服。

阿竹顶着留学英国名校的学历，毕业后有许多公司抢着要，她因为兴趣决定去钱少又折腾的新闻部，"兴趣"两字真像中邪，爱上之后比死还要惨。

不过中邪也不会中一辈子，阴魂总有退散的一天，阿竹慢慢地看到自己发展的瓶颈："待了这么久，又不受重视，我想知道自己还能做什么。现在不换工作，年纪更大时就难了。"

眼看升职无望，薪水也是十分微薄，目前工作虽然顺利，离养老退休的心境又太远，此时她刚好有机会可转职到银行业，也就递了辞呈，跟新闻部说再见了。

也许，多数公司都有"外来的和尚特别会念经"的想法，在新闻部不怎么被重视的阿竹，到了银行业后，因为懂媒体生态又擅长拍摄影片而深受肯定。工作上手听起来似乎是好事，却也是觉得日子无聊，蠢蠢欲动的起点。

在银行业五年，阿竹手中的金饭碗越来越稳，她在闲暇之余开始经营粉丝团，慢慢地有了点小成绩，粉丝团让她看到前途的新亮光，纵然那道光还隐隐约约，可还是让生活的风景变得明亮。

有一天，阿竹打电话给我，语气显得有点焦急："大米，你能给我一点点时间吗？有件事情我想问问你的意见，我已经去算过塔罗、八字，还是拿不定主意。"当你碰到一件事情想去求神问卜时，准不准不是重点，而是代表你真的很在乎。

阿竹被挖墙脚了，昔日的主管询问她要不要去新的电视台当主管，她的心动摇了："在目前的公司继续待着，虽然有点无聊，但有时间经营粉丝团；去新电视台未来发展空间比较大，加上我没有当过主管，混个主管资历好像不错。"阿竹的语气中透露着跃跃欲试的喜悦，有一种千里马终于遇到伯乐，大鹏即将展翅的兴奋。

"阿竹，你几岁了？"我问。

"40岁，怎么了？"阿竹语气有点困惑。

"媒体业的生态就是很忙、很忙，忙到你没有时间经营自媒体。你如果打算去媒体业寻找写作题材，那边是绝佳环境，牛鬼蛇神太多了，写都写不完，但你可能忙到没时间写。还有，在电视台工作，上司可能不喜欢你经营自媒体，你可能要面临二选一的境况。想要经营副业，最重要的不是你多有才华，多会管理时间，而是你要很闲。"

我停了一下又继续劝说："更现实的是薪水，媒体业的中阶主管薪水就是六万到八万台币，但自媒体如果发展得好，薪水月入百万台币也办得到，甚至有许多网红月入可达三百万台币，就看你要不要赌一赌，碰碰运气。"

阿竹做自媒体已经有点成绩，如果因此胎死腹中无法蓬勃发展，我觉得很可惜。

"你说得对！我应该是因为想在媒体业大展长才的梦还没达成，所以才想要回去圆梦。"听我一说，阿竹似乎有点清醒了。

"不曾忘记二十几岁的梦想，听起来似乎很浪漫，但也代表你没有成长。正常来说，当你的眼界开了，格局不同了，你想要的东西会不一样。"

听我讲完后，阿竹像是顿悟了一样说："我还是好好发展自媒体似乎比较有前途，我不跳槽了。"阿竹想通后，果断地做出决定。

梦想这事，当然需要一点坚持。但可能没有人跟你说，梦想需要随着你的格局不同，随着人生阶段的不同，去做调整。我以前很想去电视台当记者，但如果要我现在重操旧业去跑新闻，我真心没办法答应，为什么？

第一，我冲锋陷阵过，腻了也累了。即便是近身看国际巨星也不会让我觉得兴奋，我只想早点下班。

第二，我年纪大了，身体没办法负荷长时间与高压力的工作。

第三，媒体业已经给不起我想要的薪水与自由了。

在我年纪很轻、还在当小记者时，如果公司不派我去重大新闻现场联机采访，我会觉得公司不重视我，不栽培我。但是，现在如果上级命令我，清晨五点去重大新闻现场联机，我会觉得公司在整我，甚至愤而递辞呈。同一件事情，感受却如此天差地远，是因为我翅膀硬了，我的身心状况都不一样，想要的东西自然也就不同了。

人生历练会让人看清楚现实状况，不同阶段，梦想会改变。随着身心的变化，每个人当下的期望和需求都不一样，频频回首过往，不如走好现在的路，因为你的现在就是未来，没有现在就没有未来。

有时候我们想回去一圆年轻时的梦想，这是一种"得不到"的浪漫情怀，但如果像阿竹那样仔细分析利弊得失之后，你会看到更多真实的样貌，甚至觉得自己当年很傻。于是你会开始调整梦想，对于想追求的东西也会改变，这代表你进阶了，变得成熟了。

PART 3

找到自己的

人生头条

允许朋友
有说"不"的权利

一段感情，不论是友情、爱情还是亲情，

想要走得久，相处得舒服愉快，

关键不是对他好，

而是对他好之后，允许他有说"不"的空间。

小如一见到我就叽里呱啦狂说阿志的不是，细诉他的不够意思：“我只不过要他帮我打个电话给开发商沟通一下折扣、多买一个车位，有这么难吗？他连电话都没打，就说这个楼盘很热销，车位早就卖光。这情况我也知道啊，我只是拜托他出点力帮我多问一下，他却只会讲推托的废话，枉费我过去对他那么好！”

　　小如抱怨的语气中夹杂着许多愤怒，她跟阿志交情很好，失望也特别深。

　　事情是这样的，小如来台北工作多年，终于存够买房的首付，想买个房子在台北安身。最近她看上一个很满意的楼盘，不论地段还是格局都很棒，美中不足的是价钱太贵以及没有车位。她灵机一动，想到好友阿志当房地产记者多年，过去常说跟不少开发商都很熟，她心想拜托阿志打电话帮忙谈谈价格跟车位，应该不是难事。小如以为阿志会一口答应，没想到碰了钉子，阿志直说开发商大老板才不管这种小事，打电话过去替人说好话挺失礼的。

　　“阿志也不想想，前几年他家里出事时，我二话不说就汇钱给他，还帮忙找了人来处理，出钱又出力。现在我只是请他帮我打个电话试试看，他什么忙都没帮，还说了一堆废话跟风凉话，真是气死我了。”

　　小如骂累了，宣泄够了，我抓住她歇口气的空当提出疑问：

"你有没有想过，也许阿志是真的不好意思打电话给开发商，你眼中觉得简单的小事情，对他来说可能是难以启齿的大事情。"在听小如开骂时，我脑中也想起很多类似的往事。也许每个人的心中都有几个忘恩负义的朋友，我们把自己的付出记得牢牢的，就算嘴上不明说，心里也希望有朝一日对方能同等对待，甚至是涌泉以报。

"我知道他可能是不好意思，但好歹也应该去试试看！他过去有难时，我可是大力帮忙啊。"小如愤恨难平，她对昔日的付出犹如肉包子打狗——有去无回，感到心寒。

早几年，听见这件事，我一定会陪着小如大骂阿志的不是，义愤填膺地一起痛批阿志，甚至还可能热心过头，越俎代庖，去找人帮忙打电话给开发商谈折扣，如今的我，反倒能同理阿志的为难。

"小如，你跟阿志认识十几年了，他一定曾经带给你不少美好时光，你们感情才会这么好。每个朋友能给你的帮助本来就不同，有些朋友可以陪你谈心，有些朋友可以陪你玩乐，有些朋友可以资金往来，很少有一个朋友可以全方位具备所有条件，你要尊重每个人用他自己的方式回馈，你希望的回报方式，他可能给不起。"

我们常认为好友会知道你此刻有多需要帮忙，好友会懂你的艰难，好友会明白你的压力，好友会知道你有多走投无路，因为你们关系这么好，所以他一定会帮你，如果你总是这样想，应该会常常受伤吧。

回过头想想，连我们自己都很难全方位满足自己的期待，凭什么要求别人可以完全满足我们的需要？如果你想要完成一件事情，必须借由别人的帮助才能完成，那我建议你还是算了，因为别人不见得会帮你，但你一定会生气。

所谓的江湖道义，每个人心中的标准是不一样的。有人认为"够意思"的朋友是有通财之义，能互相周转借钱；有人认为"够意思"的朋友是当你生病时他能到医院照顾你；有人认为"够意思"的朋友是当你没工作时他能帮你找份工作。上述三点，能做到的朋友，不多。

我成为"黄大米"后，发展还不错，收入也跟着增长不少。我的经济状况良好，有一份稳定的工作和不错的额外收入，日子过得安安稳稳。有一天，我意外看上一套屋主急着出售的房子，需要立刻拿出一大笔首付款，当时我有一笔收入款要两个月后才会进入户头，交友广泛的我，此时能短期周转借钱的朋友，只有个位数，我会因此埋怨吗？有过。但我冷静下来想，这本来就是我自己的事情，别人借钱相助是情分，不借钱是本分，我就释怀了。

在身体健康上，我曾经眼睛出过意外，短暂失明了几天。我的家人在台湾南部，当时能照顾我的朋友，也是个位数，我会感到心冷吗？没有。我只觉得这是很好的礼物，让我能对生老病死有更深切的体悟与准备。

我们需要一类朋友陪我们吃喝玩乐，让生活甜如蜜，我们也需要一类朋友适时地给我们一些当头棒喝与良心建议，但不论是哪种朋友，两者都可能做不到你心中"全方位的够意思"。

所谓不期不待，没有伤害。当你能把自己对别人的付出，都认为是有去无回的布施时，才不会让这些付出成为日后折磨自己的心碎。施恩如果要求回报，一开始就要说清楚讲明白，最好白纸黑字写下来，如果不能做到这样直接，保护自己不受伤的方式就是三个字——忘了吧。

别人对我们说的每一个"不"，每一次"拒绝"，不见得代表无情，也许他有他的难言之隐，甚至在衡量自身的状况后，无法说出"好"。

举个例子，我的好朋友小朱有次生病需要住院开刀，她不想家人知道后担心，转而询问好友们，是否有人可以去医院照顾她。当时，她的朋友中只有我允诺说好。是我最有情有义吗？不一定，而是在所有客观的条件下，我刚好是唯一能做到的人。

什么叫作所有客观的条件下呢？因为，有些朋友有家庭要照顾，自顾不暇；有些朋友很难跟公司请假，自然爱莫能助；有些朋友刚好在其他县市出差，无法回到台北照顾她。而我单身无家加上公司能体谅，因此成为唯一"够意思"可以去病房照顾她的朋友，但如果不是这么天时、地利、人和，如果我此时任职于很难请假的媒体圈，我想我也会对她说"不"。

一段感情，不论是友情、爱情还是亲情，想要走得久，相处得舒服愉快，关键不是对他好，而是对他好之后，允许他有说"不"的空间。

每个朋友能给你的帮助是不同的，当你能理解这点时，就能走出怨怼的深渊，也能让彼此的关系松绑，让对方喘一口气。

听完我的开导，小如传来了简讯，上头写着："谢谢你，我觉得很受用。朋友是有很多种的，每个都有不同的面向，如果没有你的开导，我可能还要气两天，现在想通了也就不气了。"

人人的头条都不同

活着这件事情本来就没有标准答案，

每一个跟你想法不同的人，

都能开启你的一扇窗，

启发你思考"原来这样也可以"。

主管在会议上滔滔不绝地讲着公司的规定，小美的心思已经飞到天边、海边，无边无际地环绕了世界一圈。她无心开会也不是一两天了，只是最近严重了一点，她叹了口气，悠悠地说出心事："好久没有谈恋爱了，唉。"

"你好久没有谈恋爱?! 是七天吗？七天没谈恋爱对你来说真的太久了。"旁边的同事听到小美这样说，睁大了眼睛询问。

小美被逗笑了，略带不好意思地说："干吗这样，我最近都没碰到什么合适的人，真的很寂寞。"

如果你有机会听到小美丰富的爱情史，保证大开眼界，听得津津有味。有时我也会好奇地问小美："将来结婚，你会老实跟老公说交往过多少男友吗？"

"会说啊，只是不会说实话，数字会少报一点吧，大家不都这样？"小美说得理直气壮。

"报的数字少一点，是多少？"我随意问道。

"30 个就好。"小美说出这数字时，有一种自废武功的怅然。她的少，却是我的天文数字，我的表情泄露了我的心情，小美反问我："这样还很多吗？这数字还好吧。"此刻，我觉得自己个位数字的恋爱经验有点丢脸，要怎样才能追上这些数字呢？"唉，恕我无能。"我内心叹息着。

小美恋爱功力高超，有过人的天分，不是人人都能达到的境界。小美对男友从来不走诚实路线，对她来说无伤大雅的小谎言如果可以让世界和平圆满，这个谎言就是善意的。许多真相都太残酷，说了会坏事，也会坏了关系。

相较于小美在感情上游刃有余，我在恋爱方面真的没什么杰出的表现，工作才是我的强项。我很敬业，为了工作可以忙碌到深夜，为了快速完成工作我连饭都可以不吃，为了达成目标我可以忍气吞声。我一度以为人人面对工作都是这样敬业的态度，后来才知道，我错了，每个人心中对工作的序位是不一样的，小美就不是一个工作至上的人。

小美是恋爱至上，只要能谈恋爱，随时可以把工作搁置或者搁浅。说个小故事给你听。

新闻部的晚上六点是重头戏，晚间新闻开播了。记者要赶在新闻开播前把新闻带子做好，谁要是迟交了就是失职，严重时甚至会记过，由此可知事关重大。小美当然知道这个规定，但知道归知道，只要采访现场出现帅哥，她就把工作抛到九霄云外，重大头条又怎样，耽误小美谈恋爱就是不可以。

"小美在干吗，她做的新闻呢？她的新闻迟到了，后面新闻播出的顺序都要调整，你管一管好不好，你的记者呢！"负责催带子的主管过来对我碎碎念。

下属能干，主管沾光；下属有错，主管连坐。

我是小美的主管，这次的新闻调度很失败，我怎么派小美去采访有一堆帅哥的科技产品发布会呢？她看到帅哥就会失魂，心中的头条就变成谈恋爱而不是跑新闻了。

小美的大脑非常清楚，从她的角度来看，任何新闻头条都是过眼浮云的小事，找到白马王子才是自己的人生大事。她是谈恋爱专业户，而且算盘打得很精："我今年32了，这时候交往的男友可能一不小心就变成终身伴侣。阿牛昨天跟我告白，我跟他说要考虑一下。"

看到这里，你以为小美在思考阿牛的个性是否适合自己吗？不，你太肤浅了。小美除了男友阿牛外，还有两个往来密切的网友，彼此还没见过面，小美打算先约出来见面，把阿牛和两个网友都比一比、称一称，再决定谁是最适合她的人。小美不用靠魔镜来告知王子在哪儿，她自己就是明镜，一秒就能感应出对方速不速配。

小美最终和阿牛结婚了，举行了一场盛大的婚礼。婚后阿牛对她很好，唯一美中不足的就是必须跟婆婆同住："婚姻没有完美的，我在婆家势单力薄，闭嘴傻笑才是聪明人。未来几年，我要努力怀孕，生出一堆'自己人'，用小孩来稳住地位与扩大势力，自己生的自己人最牢靠。"如果她活在古代的三国，应该是出色的军师，不，应该是受宠的后妃，因为她就算投胎转世三千次，也不会爱上工作。工作只是她找对象的跳板与工具而已。

我很喜欢小美，她跟我一样都为了自己最在乎的事情努力冲

：：　即使生活态度有别，
　　　都能活得有声有色。

刺、拼搏到底，只是我在乎的事情是工作，她则是爱情。我在她身上了解到生命的多元性，她让我看到即使生活态度有别，都能活得有声有色，我们如此不同，却彼此欣赏。

活着这件事情本来就没有标准答案，每一个跟你想法不同的人，都能开启你的一扇窗，启发你思考"原来这样也可以"，他们像是一只开笼鸟，让你看到人生有不同的走法与过法，挺好的，不是吗？

比八点档
更狗血的恋爱

感情世界不论当时多爱多恨都会过去，
最重要的是你要好好活下去，
才能有机会看到前方美丽的风景。

台湾这个重视学历的地方，没有一张漂亮的文凭，即使在社会上摸爬滚打出一点点成绩，还是得花很大力气才能让大家相信你不笨。如果你有一张好的文凭，别人就会觉得你是个精英。

"我希望拿到一张名校文凭后，大家就会闭嘴，甚至赞美我两句。"这是我三十几岁去念专业硕士时的想法。我考上的学校，是传播领域领头羊的学校，我重回校园念书的原因就是来提升学历，有一张漂亮的文凭，大家就不会认为我是笨蛋。

除此之外，还有一个目的——来学校谈恋爱找对象。我在新生自我介绍讲完这段话后，同学鼓掌喧闹，有一种好戏上场的感觉。我们班上的同学只有五个男生，三个已婚，一个吃素，一个似乎对女生无感。迎新茶话会中，同学们还在热闹交流，我巡视完眼前的男同学后，就想退学了。

"班上的男生要不死会[1]，要不很怪，我退学重考算了。"走出餐厅，我急着打电话找朋友吐苦水，宣泄我的不满与焦虑。

"学校科系这么多，你不要为了几棵树，放弃了一整片森林。"电话那头，朋友的规劝我听进去了。

坦白地说，就算没有人劝，书还是会继续念。人生很多事情都不是靠理智做决策，见好就收不容易，见烂就收更困难，多数

1　死会，闽南语词汇，指有男（女）朋友或已经结婚的人。

是踏出了第一步，就会往下继续走好几步，直到走不下去为止。

我后来还是跟班上那位长期吃素的同学交往了，到底是日久生情，还是日久中邪，或许是没鱼虾也好，我一时之间很难判别清楚。

很多人都说，人在交往前跟交往后差很多，确实如此，百分百正确。

在交往前，吃素男跟我一起吃饭时，我可以吃荤食，他去其他地方买素餐。交往后就不是这样咯，我必须跟他一起吃素，他每天跟我说吃肉有多罪恶，尤其婚礼上吃肉，所有的恶果恶报都是新人在承受，也因此如果将来办婚礼，一定要吃素。我对此番说法很震惊，困惑地说："参加婚礼的朋友想吃肉怎么办？"他说："这样死掉的鸡鸭猪怨念，都会加在你身上。"听完，我觉得自己宛如走入乡土剧的场景，即将中邪。

我们交往时间很短，不到一个月，分手原因是，向来标榜吃素、存善念的他，瞒着我已有未婚妻的事。想来他也真的很善良啦，很感人、很贴心，这样重要的事情都没跟我讲，好在我跟柯南一样精明，很快就发现（爆炸）了。

交往后，我就觉得不对劲，常有女生打电话给他，他接起电话后就狂骂对方。我困惑地看着他，他的解释是，女方爱他极深，苦苦纠缠，拒绝多次无效，让他备感困扰。

后续奇怪的事情越来越多，我晚上打电话给他，他总是不接，过一会儿，他会在室外回拨给我。有次，我深夜打给他，又是没人接听，过了一会儿他回传一封文情并茂的短信，强调有多爱我，真幸运可以在茫茫人海之中遇见我。我看完他的长篇简讯后回复："你现在身边正躺着谁？"

一个深夜不接你电话却可以回长篇简讯的人，绝对有他的"不方便"。我想知道，前方还有谁卡位？而我又排第几位？

此时，他才承认有未婚妻，正打算去解除婚约。我对此非常震惊，给他一星期时间去处理，如果到时还该断不断，就是我们之间说再见的时候了。在我们的爱情风雨飘摇时，我常收到他送来的玫瑰花，我觉得每束花都是在宣告他无力解决实际问题。

在这段日子，我知道了更多关于他们的事情。他们同居，房租都是女生支付。女生工作表现优异，曾有外派机会，却为了他放弃。我知道得越多，内心越不好受。

他在我面前打电话骂着未婚妻，分手的话说得坚决，也相当伤人。我对他说："分手可以好好说，你不用这样，你现在这样骂她，将来也会这样对我。"

一星期内要解除婚约，谈何容易，对三个人来说都是折磨，我向他提出了分手。他气愤难平地质问我："你除了站在道德的制高点上指责我外，你做了什么？我已经在处理了，你难道不能多给我一点时间吗？我爱你没有错，我已经在解决了不是吗？我为了你做了这么多，你做了什么？"

这话乍听很有道理，有道理个头！如果他不欺瞒，就没有这些，不是吗？

分手后，我很伤心，自己怎会遇到这样的事。我回想着自己为爱陪着他吃素的那些日子，常饿着肚子走在街上寻觅素食餐厅，听他讲着因果轮回。想着想着，悲从中来，觉得很多付出都不值得，我快步走进超市，买了一个肉包，大咬一口，觉得吃肉的感觉真好。

后来，吃素男在赌气之下，一个月内就跟班上同学小艾结婚（非之前的未婚妻）。这段"闪电换两个女友"的爱情故事，轰动全班。

小艾初期和吃素男交往时很低调，她知道吃素男之前同时交往了两个人，她是第三个。她不在乎之前这些混乱的过程，她只要是最终唯一的女主角就好了。

他们火速去公证结婚，小艾在拿到结婚证书后，一反之前低调的态度，变得强悍。她写了一封信寄给全班同学，信上写着："我忍无可忍了，我老公是个很善良、真诚、吃素不忍杀生的好男人，之前还帮我照顾生病的爸爸。我们虽然只交往了一个月，但他的为人与付出我都看在眼里，感动在心里。他过去的感情事，都跟我说了。我心疼他因为个性太老实被误解受苦，我老公向大米送花、送水果，只是他为人热情，没想到却让大米以为我老公在追求她，一切都是误会。"

我对她捍卫爱情的这份决心感到敬佩。她让我了解到，爱情这个赛局还是要盲目一点才能修成正果。我很有风度地回信给她，"你老公最爱你，祝福你们百年好合"，结束了这一回合。

我一直没跟小艾说出一件事。吃素男在端午节带你去见他的父母，原本的女主角是我，是我突然发现他有未婚妻，一怒之下不去，他才请你上场"代打"。而你在脸书上甜蜜分享了邓丽君演唱的《我只在乎你》，这首歌我也很熟，因为吃素男也分享过给我喔。原来我只在乎你的"你"是复数，是我只在乎你们。这首歌是吃素男的追娃主题曲，真不知道送过多少人。附带一提，吃素男带小艾去见完父母的第二天，他还来公司送荔枝给我，这种两面手法真是让我大开眼界。

我当时压不住情绪，想戳破他的伎俩，在聊天软件 MSN 的昵称写上"端午见父母，狸猫换太子"，每次我登上 MSN，大家就会看到这个昵称，真是太不给他们夫妻面子，真是太挑衅了。

后来，吃素男补办了素食的婚宴，据说场面相当感人，但他们的婚姻却在没有宾客吃肉、没有害新人承受果报的罪恶下，三年后以离婚画下了句点。

听到他们离婚我非常感慨，觉得世间还是有公理的。

后来每隔一段时间回顾这段恋情，都有不同心境与感触。

一、感情世界里多少都有委屈，你要知道自己为何 委屈

我要谈一场无瑕疵的恋爱，小艾恰恰相反。她铁了心要把有瑕疵的恋爱走到无瑕疵，她深知混乱都只是过程，即便现在有所委屈，也终将用时间换来云开见月明的一天。她是感情界的韩信，忍受胯下之辱，换来名正言顺的婚姻，不论这场婚姻存续多久，后来又为了什么而离散。从敢争取这个角度来说，小艾确实比我勇敢多了。

感情世界多少都有委屈，当你愿意委屈自己时，你要清楚地知道你的委屈能换来什么，如果能换到自己想要的，这个委屈就值得了。

二、结婚不难，想要百年好合不容易

交往时，或多或少都能察觉到对方的缺点，但选择回避或者视而不见，婚后这些个性上的差异就会冒出来，根本无法躲藏，考验你能不能日日夜夜忍耐得下去。举行婚礼不难，婚后朝夕相处过日子很不容易。

据说小艾发誓在 30 岁之前把自己嫁掉，她如愿圆梦，却在三年后离婚，这样真的更好吗？人生这条路，得到不一定是福，失去不一定是祸。祸福难料下，不要为了想结婚而结婚，不要为

了年龄到了而结婚。你现在的妥协，将是你日后的折磨，不合脚的鞋子再漂亮，走起路米都是痛苦。

三、闯祸后全靠女人出面收拾的男人，是没肩膀的软骨动物

素食男在把事情闹大后，无声地躲在太太背后装可怜与无辜，对外宣称："我管不住我太太，她要写信给全班同学我也很反对，我拦不住，我拿她没办法。"

闯祸后没有肩膀承担责任的男人，会用很多理由掩盖自己的"骨质疏松"，让你气到吐血。

四、恩情比不上新恋情

素食男的未婚妻对他很好，在同居时付房租，也照顾他的日常所需，双方很稳定地往婚姻的道路上前进，如果素食男没有来念硕士，一切可能按照原定规划进行，但当环境变了，眼界开阔了，人心也就飘移回不去了。多年的恩情永远比不上新恋情。

五、婚前对你不好，婚后也不会对你太好

这篇文章的重点，不在于我离奇的爱情故事，而是男生婚前追你的所有花招与礼遇，婚后一定大大缩水。所以，一个在婚前

对你很糟的人，婚后只会对你更糟。

婚前会亏待你的人，婚后对你很好的概率比中彩票两千万还低。嘴巴很甜的男生，大部分是嘴上功夫，因为嘴甜不用花钱。他说了什么，永远比不上他为你做了什么重要。

六、吃素不见得是好人

吃素跟人品无关，请不要以为吃素就是好人，刻板印象会害死自己，阿弥陀佛。以上是"大米法师"的开示，希望你受用。

转眼这段精彩的恋情，也已经过了十年，回首时已能笑看一切。感情世界不论当时多爱多恨都会过去，最重要的是你要好好活下去，才能有机会看到前方美丽的风景。

这段短暂的恋情确实让我备受煎熬也备感压力，我也因此休学了。我会后悔没把书念完吗？不会。文凭对于后来专注经营自媒体的我来说，增色不了太多，我已经打造出自己的品牌，我有足够的信心，即便没有名校毕业的学历，也能抬头挺胸，活出一片天地。

如果当年我跟他结婚，不仅不会出现"黄大米"，我的人生也不可能像现在过得这么好。结婚就像是二次投胎，必须好好评估风险，谨慎以对。

∵∵ 感情世界多少都有委屈，
　　当你愿意委屈自己时，
　你要清楚地知道你的委屈能换来什么。

结婚大作战

结婚从来不是人生的终点，

后续的日子依旧是一连串破关与闯关的过程。

生命如同打一场电动游戏，人人都有自己要过的关，我们总是注视着、放大着自己的难关，认为别人的人生都闪耀着亮光、色彩缤纷，甚至是轻而易举。

宣宣就是活在别人羡慕眼光中的幸运儿，电视台主播的工作让她拥有社会地位，但忙碌的工作却让她缺少感情生活，"大家都以为我有很多人追，根本没有"。旁人远看的海面风平浪静，唯有当事人才了解海底是如何暗潮汹涌，生命中的风雨与关卡，一如饮水，冷暖自知。

她单身两年了，同学和朋友陆陆续续寄来的喜帖成了"催促令"，让她焦虑："为什么别人都能轻易踏入婚礼殿堂，而我却空窗这么久？""我常想着为什么大家结婚了，只剩下我一个？好慌张啊。"宣宣常常有这样的牢骚与困惑，更令人发窘的是她还常去兼差当婚礼主持人，哀怨之情更是油然而生。

"让我们举杯，向新人献上祝福，大家一起说'一定要幸福喔'。"宣宣拿着麦克风带动喜宴气氛。她主持婚礼的资历已经15年，见证过上百场的婚礼，"什么时候我也可以有一场梦幻的婚礼呢？"为他人作嫁衣时，这念头总会浮现出来，甚至有了小小比较的心态："她这样的条件，也可以有一个这么爱她的人，为什么我就没有一个可以呵护我的人？"

单身不是自己有什么错，缘分未到的原因多数是工作太忙与社交圈中缺乏异性。宣宣犹如深山中的美人，即便气质出众，也无人闻问，大好青春就这样静静流逝。

每个人的人生都有"一句话贵人"，需要天时、地利、人和，听进去后，产生了行动，命运也就转变了。

宣宣跟发型设计师闲聊时提起，等一下要去吃相亲饭。设计师对她找对象的方式很不认同："你怎么不去下载交友 APP？上面的人很多，选择性广，你可以滑到手抽筋。"交友 APP?! 设计师的建议，是宣宣从没想过的。"滑到手抽筋！这句话很打动我，立刻下载了来用用看，我一直滑一直看，就跟看履历一样，好有趣喔，我觉得好像进入另外一个世界。"她开心又赞叹地说。

网络是个无边际的海洋，什么样的人都有，宣宣沟通的第一个男生来自殡葬业，两人很聊得来。"一切都不错，就是没有那么来电。"不来电就只好继续找下一位，"我还碰到过一位长得蛮帅的健身教练，我觉得他好像只是出来找学生的，没有要稳定下来。"交友软件上人各有志，有些人只是想找个人陪，宣宣则是为了找终身伴侣，道不同不相为谋，不用联络。

"加入交友 APP 后，我见过 7 个人，没有人认出我是主播，哈哈哈，应该也是我不够红啦。"在寻寻觅觅真命天子的过程中，宣宣总是盛装赴约，失望而归，"后期我已经有点心灰意冷，有的已经出来吃了两三次饭了，最终还是没下文，让我心好累好累。"

宣宣对吃饭约会的重复轮回感到疲惫，也对没看对眼的情况越来越平常心，反正失败多了，也就不差多一个。"第七个见面的男生是身高 193 厘米的科技业宅男，我自己主动问他：'你周末要干吗？'没想到他居然没有顺势约我，我只好主动约他，心想不差这次了。"

见面后，两人聊天有一搭没一搭的，直到约会快结束时，才进入佳境。"约会结束时我松了一口气，觉得这个人不行，又得拿出手机滑了。"

出人意料，科技宅男之后每天都传讯息给宣宣，甚至在宣宣跟父母海外游玩回来时，到机场接机，这点让宣宣很感动，决定交往看看。经过一年的交往，两人步入礼堂，而美女主播靠交友APP 找到老公的事情，也一度成了媒体报道的焦点。

人生不论是一个人或者有伴同行，都有许多挑战，对于自己终于脱单，宣宣分享了自己的小秘诀给大家参考。

一、狂滑狂找，把控联谊进度

工欲善其事，必先利其器。靠朋友介绍总有资源上的瓶颈，用交友 APP 让宣宣的资源可以不断，"交友 APP 上面的人，数量实在太大了，不论你眼光多高，都可以滑到不错的对象，比去联谊或者相亲来得快。"

"我当时设定三个月内，每个礼拜都要认识一个男生出来聊天儿。"宣宣做事情向来积极，设定联谊进度表，预防自己怠惰，即便网络上聊得来，还是需要眼见为凭，"我觉得见面最重要，在网络上即使聊天儿很愉快，但照片会骗人啊，约见面一定要约在人多的地方，才会更安全"。

除了狂刷交友 APP，宣宣还多管齐下，常去参加活动，拓展交友圈，"我还去听演讲，可以跟邻座的人聊天，也因此认识了一些朋友"。

二、偶尔出现又消失的人，只是把你当备胎

"之前有个幽默的男生，常常跟我联络一阵子后又消失，消失又出现，出现又消失……"宣宣跟"幽默男"约会过几次，有时候"幽默男"随口抛出一句"我们下星期六见喔"，宣宣都会认真把时间空下来，期待可以跟他见面，没想到"幽默男"只是讲讲而已，让宣宣感到心累。"等我有男友后，他又飘出来找我，我跟他说，'我已经退场靠岸了'。"

交朋友本来就应该多看看，如果双方对进一步交往的认知跟节奏不同，就不要傻傻等待。双方都来电时，彼此都会很积极，宣宣的老公科技宅男，就算因为工作在身无法天天见面，也会每天跟宣宣说 Hello。

三、不要仅凭第一眼就做判断，多给对方一点点机会

科技宅男给宣宣留的第一印象很普通，当时他穿得很随意就前来赴约。直到后来第二次约会，他拿下眼镜，将自己打扮了一下，才让宣宣有来电的感觉。爱情里，"小鹿"会乱撞，有了年纪的"老鹿"因为隔天要上班，外加坎坷的情路走多了，只要撞两下、踢两下没有回应，就会觉得累了。对此，宣宣觉得，应该要多给对方一点点机会，彼此有好感，需要一点点时间去挖掘，"我记得那次旅游回来很累，他约我见面，我累到不想展开话题，结束时直接问他：'你愿意载我回家吗？'之后，他还是每天联络我、约我，几次见面越来越了解，发现他更多的优点，感情也就变得深厚。"

结婚从来不是人生的终点，后续的日子依旧是一连串破关与闯关的过程，生活中总有不小的状况题，等着她去破解。例如：有洁癖的先生无法接受她把垃圾留在家中，"我只要没追上垃圾车就会压力很大，他回来会说：'你倒垃圾了没？你没倒垃圾！垃圾又得在家过夜了。'我以往过着每天追新闻的人生，没想到婚后变成追垃圾车。以前我连线报道新闻，现在只要客厅有蟑螂出现，我就会打电话给老公，电话连线蟑螂在客厅绕境的画面。"

婚后生活的甜蜜与其他滋味一起来到宣宣眼前。有次，她接了月饼的广告，有洁癖的老公规定食物不准拿到卧室，但由于卧室光线最适合拍照，她把月饼拿到卧室拍宣传照，得意地把照片秀给老公看。老公一脸怒容地说："你把月饼拿到卧室了？""你切月饼的刀子切完放哪？上面的小屑屑掉下去了吗？"几句话抹杀了宣宣认真拍照赚钱的努力，让她觉得非常委屈，一度泪流："婚姻生活是两个人一起成为'拆弹专家'，要小心翼翼地把会引起双方吵架的线剪断，要很冷静、很小心地去处理。"经历过生活风雨的考验后，两人感情也越来越深厚。她认为没有天生适合的两个人，而是在磨合的过程中，让彼此有机会越来越契合。

　　不论你是像宣宣一样希望拥有婚姻，或者想要单身过日子，都可以拟定方法，逐渐往自己想要的生活靠近。婚姻是个选项，不结婚不生孩子也是一个选项，永远不必固守着哪个选项，永远不要把话说死，让自己保持弹性，才是真自由。当你能把日子过得开心，你就是完整无缺的人。心上无缺，什么都不缺。

∴ 没有天生适合的两个人，

而是在磨合的过程中，让彼此有机会越来越契合。

串起又散落的
贵妇梦

曾经只想依靠别人的小诗，

在人生一次又一次的挫折与打击中，

催生出强韧的个性与坚毅的灵魂，

她靠自己实现贵妇人生，

把命运掌握在自己手中了。

"我不爱念书，大学四年如果能交到一个男友顺利结婚，也就值得了。"小诗考上大学后，不是期待将来学以致用，而是希望借此机会走入婚姻。她从南部到台中念大学，压线考上法律系，可说是奇迹。大学四年期间，她一会儿想当空姐，一会儿想考公职，一会儿想当主播，时间一晃眼来到大四，远大的梦想越缩越小，越来越务实，最后她只期待能提升英文能力。她决定到常有老外出没的华语文中心打工，短短几个月，她不仅把英文练得呱呱叫，还结交了已经考上会计师执照的帅气美国籍男友Peter，他的前途无可限量。

当时思想保守，异国恋情很难被家人接受。当小诗把Peter带回台湾南部，她爸妈气炸了，"美国人都很容易离婚，你还要交往？美国人会种族歧视，你会被看不起"。小诗爸妈对美国人的印象来自电视连续剧，他们把连续剧当新闻报道看，觉得荒唐的故事都将在女儿人生中上演。

在爸妈坚决反对下，叛逆的小诗干脆改带男友去垦丁玩，快乐的旅程换来难以收拾的局面，"我回家后被爸妈赏了二十几个巴掌，比乡土剧还狗血。我才不管爸妈怎么想，就是要跟他在一起"。小诗爱得很深，深情背后也藏着想飞上枝头当贵妇的小心机。

Peter家境优渥，老家的大豪宅在如童话一般的森林里，让小诗对未来心生憧憬。对她来说，跟 Peter 谈恋爱犹如投资绩优潜力股，她想用青春当筹码，赌一把："男友是我人生的希望，往上爬的绳索，我要过崭新的生活。"小诗决心要嫁，爸妈也拦不住。

对于女儿远嫁美国，爸妈内心总是不舍，"婚宴上，我爸妈哭得死去活来，好像以后永远无法再见面一样"。相较于父母对女儿的难舍，小诗像一只飞出笼的鸟，雀跃地期待能在蓝天中飞翔，"我觉得嫁给他很浪漫，走路有风，我终于要实现去美国当贵妇的梦了"。

"我们交往时很真心，但没有真正生活在一起，根本不知道生活上会有多少的磨合需要适应。婚结了，坎坷的路都在后面等着我。"

童话中，王子跟公主结婚后故事就结束了。但真实生活里，当爱情走入婚姻，戳破了粉红色的泡泡，沾染了日常琐事的尘埃，爱情光泽渐渐褪去，代之而来的是柴米油盐。"婚后我们常起口角，Peter 同事的太太们婚后都在工作，有的收入还很不错，他常常拿我跟她们比，逼问我，'你什么时候去工作？''你一整天在家，做了什么事情？'他觉得我在浪费生命，开始嫌弃我，看不起我。"寄生在别人身上获取的幸福，很不牢靠。当宿主不想被寄生时，就引爆生存危机，但对小诗来说，依靠别人的生活方式纵然不踏实，也轻松到让她恋恋不舍。

小诗面对先生的嫌弃，思考的不是如何找工作，而是如何继续赖活着。

"我只要生个孩子，就不会被他逼着去上班。"小诗对自己的人生没有什么规划，倒在盘算如何依附别人活下去，显得深具谋略。在精心谋划之下，顺利生下可保住她"家庭主妇"位子的小男孩。妈妈在家带小孩，不仅合情合理，也是一份不轻松的工作。

Peter 的个性很务实，学生时代就来中国台湾学中文，回到美国后在会计师事务所工作，此时，中国大陆市场开放对外贸易，他急着想来大陆发展，生怕慢了一步就错过大好的机会。

他争取到去北京的工作，坐着商务舱，带着妻小过起了上流社会的生活，小诗的人生再次进阶，"我们来往的人都是国际级白领精英，当时大陆给外国人很多优惠、很不错的待遇，我住在好大的花园别墅，家里有用人打理，我靠着结婚这条快捷方式，一下子就变成贵妇"。

豪宅、用人、名车，什么都有了，小诗的精神却空了，空到只剩下四个字——苦不堪言。

"他再次拿我跟公司的女同事比较，用言语羞辱我，我们一天到晚吵架、打架。打人这种事情会上瘾，他出手越来越重，那两年是我最瘦、最忧郁、最不快乐的时候。"气派的别墅里，谁也没想到，王子跟公主过着互殴的日子。

∷ 人跟人之间都需要磨合，
　　环境变了，又得再磨合。
　每次的磨合都是考验，像是一面照妖镜，
　　将人真实的个性一一现形。

Peter 跟小诗曾经爱得坚决，昔日相恋的校园是座城堡，让爱情纯净无污染地生长。但婚姻生活中的柴米油盐成了随时会引爆的地雷，将彼此炸得粉身碎骨。人跟人之间都需要磨合，环境变了，又得再磨合。每次的磨合都是考验，像是一面照妖镜，将人真实的个性一一现形。

双方越来越不掩饰对彼此的不满，Peter 从阳光开朗的少年变得暴躁易怒，小诗从甜美少女转变成经常吵架的妇人，曾经最爱的人，变成最看不顺眼的人，关系也降到冰点。在某次争吵后，小诗毅然决定带小孩回台湾。

回到台湾，小诗已经 29 岁，职场经验值为零。她连用计算机打字都不会，到计算机补习班补习后才有勇气投递履历，顺利应聘上食品厂的总经理秘书，工作很闲。但没想到一个月后，公司宣布要迁往大陆，她就被裁员了。第一份工作就遭到裁员，小诗的不安化成止不住的泪水："我回家后一直哭，我什么都不会，真是最没用的人。"婚姻受挫又被裁员，小诗自尊心溃堤，连自己都不相信未来还有什么可能性。

小诗从大学毕业后到 29 岁，人生都是租借来的光鲜，她像是午夜钟声后的灰姑娘，华服、宫殿如梦境一般，醒来后什么都没了。

逃避虽然可耻但有用，小诗决定带小孩去找已经离开大陆返回美国的丈夫，但她连去美国的机票费都筹不出来，靠妈妈支付才能顺利成行。此时 Peter 的处境也不太好，他被公司开除回到美国后，整个人像是被抽走空气的人形气球般一蹶不振，摆烂地活着。"Peter 一直不去找工作，我也没有一技之长，我们借住在他爸妈的房子，每天吵架。森林别墅还是森林别墅，但我已经从过去的十分向往变成很想搬出去。"

相看两厌、疯狂吵架的生活，让两人成为彼此的地狱。分秒都难熬的生活，让小诗决定搬出去住，好心的房东同情她没有收入，将雅房租金从四百美元降到两百美元。"我住在外面的第一天醒来，发现终于没有人跟我吵架了，真好！房东是我的贵人，贵人就是在你最需要的时候，给了你最想要的东西。"为了养活自己，小诗四处投递履历，应聘的职务五花八门，从秘书、超商店员到快餐店统统去试，但统统没有回音。

也许是天无绝人之路，她的转折点就在一则不起眼的分类广告上，某个公司需要能精通中英文的采购助理。那则征人启事，让她走上采购的职业生涯。

刊登征人广告的是家贸易公司，当时中国大陆正在崛起，人工与原材料都物美价廉，深具国际竞争力，许多外国公司纷纷将目光看向大陆，大陆成为投资淘金客的新大陆。贸易公司上上下下，只有一个来自台湾的杜先生会说中文，他负责帮公司寻找大陆供货商，四处去开发厂商，业务越来越忙，忙不过来，才在分类广告上找助手。"杜先生把我当作他的私有财产、专属下人。

当时我什么都不会，连复印机也不会用，杜先生教我的第一件事情就是学会使用复印机。"小诗的职场竞争力超低，她最大的优点就是乖、听话、不无理取闹、不抱怨。

杜先生防备心很重，他不让老外同事跟大陆贸易商直接联络。对他来说，掌握大陆供货商资源就是握住保命符，掌握资源就能稳住位子。"杜先生常说：'公司里的美国人都得通过我，才能跟中国供货商联系，把双方的沟通管道阻挡住，就是我的生存之道。'"小诗把一切都看在眼里。

杜先生对小诗更是处处欺负，把打压当管理。每次小诗询问工作上的事情，杜先生看她的眼神充满不屑，一开口就是羞辱。"他常说：'你用脑筋想一想，用你的脑子啊，你没有大脑吗？'有一次，我牙痛得不得了，想请假去看医生，杜先生说：'看牙医是你自己的事情，你怎么可以提早走？你不能忍耐到下班后才去吗？'"

生病看医生不准假很扯，更扯的是，杜先生连小诗上班喝咖啡的速度都要管，"我习惯一早进公司后，边喝咖啡边处理信件。杜先生会说：'你这样一口一口慢慢喝咖啡，是在偷懒休息吗？上班喝咖啡，你要大口灌下去，一大口就喝完，知道吗？'他随时都在给我下马威，把我当家奴使唤"。

杜先生知道小诗很需要这份工作，薪水虽然低，却可以让她有收入，还可以让全家得到美国政府的医疗保险，"我老公回到美国后身体有异状，常拉肚子，需要有保险才看得起医生。我们虽然没办法一起生活，但我还是爱他，因此不管杜先生怎么折磨我，怎么给我"小鞋"穿，我都要继续撑下去"。

小诗日子过得憋屈煎熬，艰难的环境逼出学习的动力，"我像海绵一样吸收知识，四处去学去问，工程部的同事、仓库的同事，他们都很愿意教我，我学到扎实的外贸采购知识"。随着小诗专业能力越来越强，艰难的日子也得到舒缓，同时，杜先生也察觉小诗个性温顺，对他不具备威胁性，彼此的关系也好转了一些。

职场的得意与失意，往往是瞬间就风云突变，公司高层察觉杜先生把持供货商的做法，决定聘新主管，架空他的职务。"杜先生过去过得太顺利、太威风了，他受不得委屈，觉得自己能力这么强，才不要受气，离职出去闯，一定能创造人生新局面。"杜先生离职后失业了很久。他低估了公司招牌的附加价值，昔日备受礼遇都是因为有公司光环的加持，人走茶凉，他现在什么都不是了。

杜先生走了之后，小诗又在公司做了两年。她在采购的专业能力上已经很厉害了，但每次升迁总没有她的份，她对此感到愤愤不平。"老外认为亚裔女子就是很乖顺，我主动去敲了人事的门，列举四年多来我对公司的贡献，问人事为何升职总轮不到我。人事说：'因为你是个妈妈，没办法全心全意替公司工作。'我就告发人事部门歧视，经过这样一闹，我从助理升为专员。这次的升迁是自己争取来的，升职之后，我就开始投履历找工作了。"

"不久，我收到一个面试通知，它是世界百强企业，员工流动率很低。我在这里仍旧担任采购员，只是不再做中国大陆的生意，我终于不是依靠中文而是用专业能力跟美国人一起做这份工作，它也是我待过最好最棒的公司。"

小诗本想在这家大企业做到退休，无奈计划赶不上变化，金融海啸的大浪一来，全球性的公司也撑不住，"我没想到这么好的公司也会有裁员的一天，2009年11月我被无预警裁员了"。小诗领到一笔遣散费和失业救济金。

"我的世界一时之间又崩塌了。我重新开始积极投递履历表，终于在领了4个月的失业金之后，找到了第三份工作，担任一家直升机制造公司的采购员。这家公司离家很远，通勤时间单程长达一小时，年薪还比上一份工作少。我没有其他选择，那是我找了这么久找到的唯一工作。我有房贷要缴，有孩子要养，在这么不景气的时候，还能找得到工作，已经是非常幸运的事了。"

小诗的老公却不再出去找工作，人生的际遇从云端跌落到谷底。"一个人如果长期失业，待在家越久，越会失去斗志，越不想出去工作。他栽入宗教世界，甚至不让小孩上学。有天，小孩一直哭着说，'我都没有朋友，我都没有朋友'，我听了心很痛。

为了孩子的未来，我下定决心要离婚。我没钱请律师，就自己翻看法律书籍研究，去法院填表格，把离婚这么复杂的事情办成了，也争取到了小孩的监护权。"

人生的际遇，多数结果都是当初意想不到的。二十几岁时，小诗视为能将人生镀金的白马王子、闪闪发光的异国婚姻，最后却是她用尽力气想逃离的枷锁。

小诗继续在"远得要命"的公司工作，过着通勤到快往生的日子。某天，她接到猎头的电话："这份工作从你家开车到公司只要十分钟，如果你有兴趣的话，请打电话给我，我们觉得你是最合适的人选。"新的工作职务是采购经理，每年可多次回大陆出差。这个面试机会让小诗觉得像是中了头奖一般雀跃，"职务内容像是为我量身定做，当时我已经 47 岁，最高的资历就只是个专员，我从来没有机会晋级当经理人，我想试试看，赌赌看"。面谈后，新公司对小诗很满意，给了年薪 8 万美金的好待遇。

在小诗任职前，发生了一个有趣的小插曲。"我接到好久没有联络的杜先生电话，他说：'小诗，我听说你要去新公司工作，这家公司很不好，你不要去。你要任职的工作是我老婆在做，你去了我老婆就必须走路。'我跟杜先生说：'我还是想去。'他恼怒地说：'我老婆已经 60 岁了，这份工作没了，你叫她去哪里找工作，你自己看着办。'

"他老婆听到我要去的消息，自己先愤而离职，他们夫妻俩都很容易意气用事。他老婆年薪 15 万美金，相较之下，年薪 8 万美金的我，是便宜又大碗[1]。"风水轮流转，昔日欺压小诗的杜先生，怎样也没想到，那个他瞧不起的属下，有一天不仅翅膀硬了，还抢走了他老婆的工作，命运的安排巧妙到令人惊叹。

小诗担任采购经理后，职场之路像是从慢车搭上了高铁，变得一帆风顺。她常常去大陆出差，搭乘商务舱，住五星级酒店，走遍大江南北——上海、广东、山东、浙江，眼界大开。

几年后，小诗从经理升职为协理，她说："这次的升职也是我自己争取来的。在我努力工作之下，我的房贷快付清了，也养大了小孩。老大今年 28 了，老二已经结婚，让我当奶奶了。我前夫依旧没工作，而我实现了当贵妇的梦，不同的是这次的贵妇梦，是我自己脚踏实地完成的，哈哈。"

曾经只想依靠别人的小诗，在人生一次又一次的挫折与打击中，催生出强韧的个性与坚毅的灵魂，她靠自己实现贵妇人生，把命运掌握在自己手中了。

1　大碗，闽南语词汇，指便宜又好用。

∷ 人生的际遇,

　　多数结果都是当初意想不到的。

可怕或可爱都无妨，
重要的是——

人活在世上，

最重要的是讨好自己，而不是讨好所有人。

"我再也无法跟网红合作！大家最喜欢的那种超自然、不做作的网红，往往就是最难配合、最难搞的人！所谓的做自己，等于很自然，等于很难搞，我恨透了！"

　　看到担任营销工作的朋友在脸书上写的这篇抱怨文，让我大笑很久。大牌网红多数很坚持做自己，"做自己"是一句听起来很帅、很真的话，但也代表不太考虑别人的感受与立场。我常听到营销圈或公关圈的朋友私下抱怨某些网红、明星工作态度不佳，内容都很劲爆。

　　"你知不知道，我们公司上次跟那个标榜清心寡欲的甜美女明星合作，她对外宣称长期吃素，结果中午吃饭订的居然是鸡腿便当！她超难搞，要求一堆，我气到想超度她。"

　　"网红不是都很爱标榜做自己吗？做自己也要看场合好吗？上次找了个网红做直播，她在介绍产品时居然当场哺乳，观众都忙着看她哺乳，怎么会听她怎样介绍产品。"

　　"有些大牌网红很会搞消失，明明都签了合约，谈好何时露出商品，沟通过程中我发给她的信息常常已读不回，我们联络不到她，然后她却出现在粉丝团上拼命直播，你说气不气人！我都想去留言说：'你很不负责任！'但我忍下来了。我下了最后通牒，要对她采取不履约的法律途径，她就乖乖出现了。"

　　人气网红远看都很可爱，很多营销人员近身接触，才感受到他们的可怕。一提到网红，营销人员满肚子苦水，我虽然可以理解他们的抱怨，但其实我可能也是被厂商认为难搞的那种人。

为什么我不能对厂商随和一点、听话一点呢？因为这样我就完蛋了。

如果我为了钱，对厂商的话照单全收，推荐不好的商品，说假话，我的信用会打折扣。等到粉丝们因为失望而离开时，厂商就不会再找我了，厂商只是我一时的老板，粉丝才是我长期的老板。

厂商花大钱找网红，不是因为网红的才华或者出众的外表，而是因为他的人气。在这世界上有才华或有外表的人太多了，但有人气，你的才华跟外表才有经济价值。粉丝越多，代表网红越具影响力，价码自然高。如果有一天网红的人气不再，就算配合度再高，价码再低，厂商也不会理他。

很多时候，我们看一件事情可爱或者可恨，都是因为立场不同，不见得是"对"与"错"。所以不要在乎别人觉得你可爱或者可恨，掌声与辱骂都是过眼烟云，更重要的是你要学会在人情冷暖评价不一的洪流中，知道自己最在乎什么，自己的核心价值与竞争力又是什么。

评价不一、看法不一、观感迥异，不是只针对明星，上班族也会面临这样左右为难的情况。

朋友在大企业任职，每个项目都需要跨部门合作，"公公婆婆"多，意见也多，常常让我朋友失去方向。

我提醒朋友："你的老板只有一个，就是给你打考绩的人。其他人无权决定你的升迁与薪水，他们的意见，你听听就好。"

人生路上，我们都是寓言故事《父子骑驴》的主角，父子牵着一头驴，应该让爸爸骑还是让儿子骑，还是两人都不要骑，总会有人在旁边七嘴八舌出意见，如果想讨好全世界，你就会被全世界耍得团团转。

人活在世上，最重要的是讨好自己，而不是讨好所有人。当你想讨好所有人时，你不仅讨好不了大家，还会失去自己。

你自认为很可爱的特质，可能是别人认为很可怕的部分。别人评价你可爱或者可恨都没关系，坚定自己的方向与态度才是最重要的。

安全不是
人生唯一的出路

人生路上，

你不能怪别人左右了你的道路，

是你选择妥协，愿意接受控制，

才让自己的路转弯。

上午 10 点多，我家附近的河堤旁总会出现一群幼儿园小朋友的身影，老师带着他们出来走走。小朋友们乖巧地排成一队，手上牵着一条线，安全又有秩序，小朋友只要握住线，就能平安返回。如果有小朋友突然想看看其他地方的风景，试图脱队，就会遭到其他小朋友的告状与老师的制止。

乖巧的小朋友，回去后可得到奖赏与肯定，反之就会得到惩罚。这样的游戏规则，不只是在幼儿园实施，多数家庭、公司的运行规则统统如此。

你要乖乖听话一辈子吗？不论你是谁，你多乖，总有一天会想脱队。

尽管每个人脱队的时间不同，我们都会从处处被别人安排的乖宝宝，变成想走自己道路的人，在羽翼丰满、翅膀变硬的时候，就会想飞了。

人生是一段又一段背离的过程。父母把小孩养大，小孩就想要独立；公司把"菜鸟"栽培好，他就跳槽了。不是不知感恩，而是每个人都想从依附的角色，变成能做主自己人生的人。

职场上也是如此，小洁跟我同期进入电视台当记者，她能力好，态度更好，身为一只好用的"菜鸟"，她常常收到许多从天上掉下来的烂摊子。

有次深夜，我回公司拿东西，看到她还在加班，脸色惨白。

我问她怎么不回家。她边忙边说："事情还没做完，主管临时交代我制作一些图卡，我还在找素材。"她的回答让我很心疼，这种临时性的工作，主管总是会来折磨她。

几年后，小洁跳槽了，也顺利坐上主播的位置，在播报多年后，累积了足够知名度与人脉，自立门户成为自由接案的主持人。昔日的主管在创业后，询问她是否愿意加入，给的职位是"脸书小编"，薪水三万六千台币。小洁对职务与薪资很错愕，她也已经拥有多年主播的资历，怎么还会给她这样低的薪水与职务呢？前主管则毫不觉得不妥，因为他对小洁的印象，还停留在她是"小菜鸟"的阶段，没有意识到她的资历与身价已经不同了。

职场上如果不曾勇敢叛逆出走，即便有天已经拥有蜕变成天鹅的实力，还是会被大家当"小菜鸟"与丑小鸭。

如果你在一家公司从基层做起，即便能力好，资历又久，薪水常常也比不上从外面挖来的新员工。而公司里比你资历深的前辈，则永远把你当小妹小弟使唤，让你不得不转身离去，通过跳槽来证明自己的身价已经不同了。

场景换到家庭也是如此。当你还是孩子时，任何事情都是父母说了才算数，甚至你表达了意见也会被漠视，等到有天你坚定不听话、闹家庭革命时，父母也许会气恼，但也可能因此才发现你长大了，会开始尊重你的想法。

:: 人生是一段又一段背离的过程。
　　　每个人都想从依附的角色，
　　变成能做主自己人生的人。

走自己想走的路，注定比较辛苦，却也比较尽兴与甘心。听别人的话可能比较安全，但也比较无趣。这情况很像是一只被人喂养的笼中鸟，不愁吃不愁喝，什么都有了，却失去了翱翔天空的自由。

我的朋友阿杰是个辩才无碍的人，从小的志愿就是当律师，他的爸妈都是校长，内心总期待阿杰将来当老师。爸妈希望他日子稳妥，顺利地结婚生子就够了。大学选填志愿时，阿杰首选是法律系，让爸爸很担心，找他长夜恳谈："法律系毕业后还要考证照才能当律师，万一没考上，你压力会很大；如果选师范大学，一毕业就有工作，我跟你妈妈比较放心。我们在教育界也有人脉可以照顾你，你只要乖乖听话去当老师，我们就在学校旁边买一套房子送你，让你大学四年住得舒舒服服。"

阿杰内心动摇了，念师范大学就意味着拿到铁饭碗，爸妈还给房子，这条路似乎比较轻松，他听话地改了志愿。毕业后，他顺利成为老师，日子也没有不好，只是内心总有点小小的遗憾。

人生路上，你不能怪别人左右了你的道路，是你选择妥协，愿意接受控制，才让自己的路转弯。每个被控制的人，可能都因为愿意乖乖被控制而拿到了一些好处，例如物质的奖赏、金钱的报酬、孝顺的美名、继承父母的人脉与资源等。

当你愿意交换时，别人才换得了。因此，谁最有本事摧毁你的梦想，答案是，你自己。谁能实现你的梦想，答案也是同样的三个字，你自己。当你对于前进的方向不够坚定时，别人就可以轻易地干扰你、影响你，你就会渐行渐远，无法抵达原先的目的地，从此只剩下遗憾。抱着遗憾过日子也没有什么不行，改了道路只要懂得欣赏沿途的风景，也是可以的，最怕的是边走这条路，边埋怨这条路。

有句广告词说：安全是回家的路。但安全却不是我们做决定时，唯一的出路。你一定要记得这一点。

:: 安全是回家的路。

　　但安全却不是我们做决定时，唯一的出路。

你是世界的中心

当你能够自我肯定时，

别人的目光就不会再灼烧你；

当你能说出我觉得很好时，

世界也会很好。

从开始写书之后，我总是想要拿一个奖项来证明什么："如果能拿一个文学奖该有多好，最好是拿到林荣三文学奖。"分不清楚是好强还是欲望，是上进心还是自卑感，我只知道"文学奖"三个字像是百忧解，可以让我好过点、舒服点、腰杆挺直点，让自己的文字如同被明媒正娶，不再遮遮掩掩，还能站到舞台的中央，而不是插科打诨地跑龙套。

　　我非常想拿奖，因为"畅销书作家"这五个字，总有点铜臭味儿，我想要叫好也叫座。书籍畅销的作者，因为已经叫座自然想追求叫好；相同的，获得无数文学奖肯定、大家对其文字功力叫好的人则会渴望叫座。到手的幸福颜色比较黯淡，没拿到的勋章总在心中闪亮。

　　也因为我本身对获奖的渴求，那些拿过林荣三文学奖的作家，都成为我膜拜的偶像。我像个土财主似的搜集购买得奖者的书，书有没有看完不重要，买了才安心，放在书柜上就是上进。我最疯狂的一次是花两千元买了原价两百元的绝版旧书，售价涨近十倍，我也不觉得贵。每一本书都是一尊神，请回家好好膜拜，文字功力一定可以大增，结果是书柜快被塞爆了，文字功力也没增进多少。瞎买的结果是，连重复购买也不知道，直到清理书柜时，才发现居然有双胞胎。

　　所有的追逐，都会有疲惫的一天，我的疲惫来得又急又快，毕竟我这辈子最大的坚持就是"坚持三分钟热度"。文学奖的梦，如同在青春期发下豪语誓言追到校花的男同学，嘴上说说，大家笑笑，一切结束。我在买了这样多的"得奖作品"后，就觉得累了，连投稿参赛也没有，壮烈地决定放弃，我在内心起高楼，我在内心楼塌了，脑中的小剧场曾经千军万马，最后马还没出征就宣布告老还乡。

从小老师就教导我们凡事多坚持三分钟，也许结果就不同。坚持下去是一种选择，但见不好就收的断然放弃也挺重要的，不果断认赔退出，破网慢慢变大，就会遗憾终身。

坚持与放弃，都是在校正的过程，在人生路上缺一不可。

到底发生了什么天大地大的事情，让我放弃追逐文学奖的念头？没有，什么事情都没发生，好像就是有阵子比较忙，忙到没时间看林荣三文学奖的相关讯息，然后我就忘了。有天突然再想起时，也不太在乎了。

这个不在乎，有一部分是我拥有的东西越来越多，拥有的粉丝越来越多，拥有的邀约越来越多，越来越多的合约，越来越多琐碎的事情。我像是突然拥有了一个玩具反斗城的孩子，也就遗忘了曾让自己趴在文具店外橱窗观看的那只可爱的小恐龙玩具。我的日子丰盛了，拥有得多了，对没得到的东西也就不在乎了。大海从来不会因为少了一瓢水而患得患失，但当我只是半桶水时，每一瓢水都显得举足轻重，少了一点点内心都会痛。

如今，我的想法改变了，觉得得到文学奖很棒，得不到也无所谓，当然也可能是我突然有自知之明，了解有些事情就算拼命去努力，也不见得能得到。天分这种事情，是老天爷赏饭吃，倘若总是吃碗内看碗外，会让日子过得比较辛苦，我不如就好好做自己擅长的事，好好地经营粉丝团，好好地上节目，得不到的桂冠还是美好，但我手上的幸福已经够闪耀了。

多数时候，我们都在找寻一个人生的定位点，让自己可以安身。这个定位点一开始是来自别人的肯定，一句赞赏的言语，一个嘉许的眼神，一个荣耀的奖项，一张漂亮的文凭，甚至是一张爱情证书，好像非要透过这些东西，才让身而为人的人形气球可以充饱了气，昂首阔步走天地。那些得不到的东西，像是在人形气球上戳了无数个小洞，嘶嘶嘶的漏气声在心中无限放大，让人垂头丧气。

有一天，你会知道，当你能够自我肯定时，别人的目光就不会再灼烧你；当你能说出我觉得很好时，世界也会很好。你是世界的中心，你是世界的主宰，你不是拥有太少，而是忘了凝视手中的幸福。

：：　你是世界的中心，你是世界的主宰，
　　　　你不是拥有太少，而是忘了凝视手中的幸福。

跋
谢谢你造就了我

距离上一本书出版，又过了两年。两年来发生了很多事，我换了三份工作，从人力银行的编辑总监、新闻网站主管，到大学新闻中心执行长，看似春风得意的转职，殊不知都是一次又一次地被迫离开。

我记得被人力银行资遣的隔天，去邮局寄东西，柜台小姐态度亲切地说："我在电视上看到过你喔，你是大米对吗？"我笑着点点头，内心却在淌血："完蛋了，我失去工作却越来越有名，有名气会很难找下一份工作啊。"

我去领失业补助时，取完号码牌，坐在沙发上等待叫号时，心里觉得很尴尬，生怕被别人认出来。有人认出来吗？没有。我没有那么红，而是自以为红。轮到我时，柜台人员解说着申请领失业津贴的流程："你在这段时间必须去投递履历，听一些职场相关的演讲与讲座。"去听职场讲座？！我哑然失笑地想着："这种类型的演讲，平常都是我在讲给别人听的，不是吗？"

因为经历过这些职场挫折，我在书写职场文章时，更关注失业、失意的人。在失业、失意不好受的日子，不是人人都撑得住，需要有个走过风雨的人，回头跟他们说声："没事的，事情没你想的这样糟，都会过去，都会没事的。"

过去的我，认为挫折就是挫折；现在的我觉得挫折是礼物，唯有在低谷与不堪中，人才会全力拼搏，在拼搏中长出新的能力，每一次的挫折，都是在替下一个康庄大道开路。

回首来时路，处处都是如此，只是当时的我心理素质太差、太脆弱，只会一直哭。

二十几岁时，一张不那么过硬的文凭，是我打拼前途的护身符。这张符咒不太灵验，我常常叫天天不灵、叫地地不应，求助无门。我常觉得自己才高八斗却时运不济，我总是怨天、怨地、怨命运，羡慕别人好命、好运、好父母。如今回首一看，当时的不得志，也不过就是三四年，命运真的刻薄我吗？其实没有。每个年轻人找机会的过程本就是如此。

倘若一开始求职就很顺遂的话，会更好吗？不会。

倘若让怀抱着到大电视台一展长才梦想的我，早早入行、早

∷ 现在的我觉得挫折是礼物,

唯有在低谷与不堪中,人才会全力拼搏,

在拼搏中长出新的能力。

早圆梦，应该也就早早转行了。是这段寻觅过程中的付出与辛苦，加强了我的决心，也累积了实力，甚至因此懂得珍惜。

人生这条路，是不断地尝试，不断地修正方向，当时那么想当记者的我，如果人生重来一次还是会选择这条路。但让如今四十几岁的我再去跑新闻，我死都不会肯的，跑新闻太累了，经历过就好。

不仅工作上的喜好你会随时调整，你的价值观也会一次一次地校正。

过去，我因为家境比较差，为了改善家计，我总想追求名利双收，因为我认为有名就会有利。等到我逐渐有一点点名气后，却常常自问："有知名度是你想要的吗？这样的生活你喜欢吗？"好像也不见得这么爱，有名会失去隐私，也很令人困扰。我再次跟自己的内心对话，体悟出最棒的人生是不具知名度却有足够的金钱可用。

名气是换得利益的一种过程、一种方法，然而世界上有很多其他的道路可以有利益，也能保有隐私。我喜欢保有隐私的感觉，能当个口袋有钱却不具知名度的路人甲，才是最棒的人生。于是，我决定将工作重心从上通告转为挑选开团产品，当个团妈或者团主，虽然感觉很没身份地位，也很俗气，却可以拥有更多自由自在，也不必担心被人指指点点，更无须顾忌自己的形象。我很喜欢这种把自己放低的感觉，不用站在神坛上华山论剑的感觉很好，口袋有实力就够了，能好好过日子就够了。

对于名利我有了新的选择，对于别人的攻击我也有了新的应对方式。

我从小就能言善辩，也以为滔滔不绝、口若悬河才能讨回公道，甚至能给人点颜色看才是强者。我在二十几岁时，本事不够，受到委屈总希望有人能帮忙出口气，譬如公司主管能主持公道，惩处坏人。想来也真的有点可笑，最终，我能得到的仅是跟一群同事在百元热炒店里咒骂一切，发泄了情绪，破了点财，隔天一切照旧。

三十几岁时，当上了主管，有了权力与资源，受到委屈会挺身站上第一线，舌战或笔战群雄，双方往来厮杀混战无法分辨胜负，回到家里时，总让我觉得身心万分疲惫，个性也变得尖锐。当你手上有个锤子，眼中就容易看到钉子，总想拿出武器，要对方好看，最终，有没有给对方好看不太确定，自己却已经成为一个难以相处且处处只看别人缺点的人。

如今我四十几岁了，多了点人生阅历，关于公道与委屈，心中都有新的想法，明白进入社会后，所有的公道不是报告主管都可以讨来的。

在我写这篇文章时，朋友告诉我，网络上正有一群人在攻击我、谩骂我。过去碰到这样的情况，我会认真去审视他们骂我的文字，一个字、一个字地凝视，每句话、每句话地放大，我会站上前去迎战，我会正面交锋，我希望真理越辩越明，让对方明白他们是错的。在走过很多风雨后，我已经知道这样只是内耗心神，任何说明，不论你说得多好，只要对方不想听，真理都不会越辩越明，只会越说越气。

我不能控制别人对我的评论，我只能控制自己不听、不看、不想，我照常过日子，照样出游，照样看演唱会，所有的攻击因为我的不动如山，也就起不了作用。

世间所有的公道从来不在一张嘴，公道也不在人心，人心是飘移的，会因为既得利益而不公不义。时间会沉淀一切，时间总是走得有点慢，你得有点耐心，不要败给自己的心烦气躁。当你有实力时，大家就会站在你这边，实力强大者，常常就能拥有倾斜于他的公道。

我的胸襟是走过很多委屈与风雨撑大的，我的底气是存款给的，当你口袋有钱时，就可以比较淡然，就不会受到委屈，也能用钱买把伞，遮挡风雨、摆平风雨。

四十几岁时，我已经可以面对风波沉着应战，冷眼以对，让流言蜚语在时间的流逝下尘埃落定。这次的风波我没有对朋友提起，因为每提起一次就是让事情有了新的元素，何必呢？像这样很平静地写在书中，赚点版税不是挺好的吗？

谢谢你购买这本书，因为有你的支持，让我得以走过这看似光鲜亮丽却风雨飘摇的四年。我想回送你两个应对人生的锦囊妙计，当你困顿时请拿出来看一下：第一，不要期待在别人嘴里讨公道，你只要持续前进就好；第二，没有不会停的风雨，一切都会过去，静心等待就可以。

祝福你在未来的人生路上，不断校正出更适合自己的道路，拥有更淡定的心灵与强大的实力。

谢谢你，大米非常谢谢你，感谢你造就了我，非常谢谢你。

图书在版编目（CIP）数据

可以强悍，也可以示弱 / 黄大米著 . -- 北京 : 北
京日报出版社 , 2023.6
ISBN 978-7-5477-4544-1

Ⅰ . ①可… Ⅱ . ①黄… Ⅲ . ①成功心理 – 通俗读物
Ⅳ . ① B848.4-49

中国国家版本馆 CIP 数据核字（2023）第 007058 号

本书由远流出版公司授权出版，限在中国大陆地区发行。

可以强悍，也可以示弱

作　　者 :	黄大米	
责任编辑 :	秦　姚	
监　　制 :	黄　利　万　夏	
特约编辑 :	路思维　张　宇	
营销支持 :	曹莉丽	
版权支持 :	王福娇	
装帧设计 :	紫图装帧	
出版发行 :	北京日报出版社	
地　　址 :	北京市东城区东单三条8–16号东方广场东配楼四层	
邮　　编 :	100005	
电　　话 :	发行部 : (010) 65255876	
	总编室 : (010) 65252135	
印　　刷 :	艺堂印刷（天津）有限公司	
经　　销 :	各地新华书店	
版　　次 :	2023年6月第1版	
	2023年6月第1次印刷	
开　　本 :	787毫米×1092毫米　1/32	
印　　张 :	6.25	
字　　数 :	118千字	
定　　价 :	55.00元